KARI 시리즈 2

한국항공우주연구원(Korea Aerospace Research Institute)

위성시스템 엔지니어링 안내서

우주 히치하이커를 위한

Space Hitchhiker's Guide to Satellite Systems Engineering

| 이선호 |

KM 경문사

KARI 시리즈 2

한국항공우주연구원(Korea Aerospace Research Institute)

위성시스템 엔지니어링 안내서

우주 히치하이커를 위한

Space Hitchhiker's Guide to Satellite Systems Engineering

| 이선호 |

KM 경문사

추천의 글

365일 불이 꺼지지 않는 대덕연구개발특구는 세계가 주목하는 대한민국 과학의 중심지로 발전하고 있습니다. 저자는 2000년부터 한국항공우주연구원에서 해외 우주 선진 기관과의 협력과 국내 독자기술 개발을 바탕으로, 완전한 대한민국 독자 위성 운영 시대를 위한 여정을 차근차근 밟아가고 있습니다.

뉴 스페이스 시대가 성큼성큼 다가오고 있지만, 여전히 우주 체계 개발 영역은 여러 이유로 여러 측면에서 보수적일 수밖에 없습니다. 이러한 보수성으로 인해, 진입 장벽이 매우 높습니다.

본 교재는 이러한 높은 장벽을 보다 빨리, 체력을 고갈시키지 않고 넘을 수 있도록 하기 위한 발판에 해당하는 내용을 쉽고, 간결하고, 재미있게 구성하고 있습니다. 우주 체계 개발 영역에 진출하려는 신진 연구개발자분들에게 많은 도움이 될 것으로 생각합니다.

신진 연구개발자분들에게 바람이 있다면, 본 교재의 내용을 단순한 지식으로만 습득하는 것이 아닌, 내재화하고 현실화하고 발전시켜, 단순히 체계를 따라가는 것이 아닌, 뉴 스페이스 시대를 선도할 수 있는 새로운 체계를 설계하고, 설계한 대로 이끌어 나가는 기회를 이 책을 통해 볼 수 있기를 기원합니다.

- 전자통신연구원(ETRI) 정일구 박사

'우주 히치하이커(hitchhiker)를 위한'이라는 수식어에 걸맞게, 다양하고 적절한 유사 소재의 예시를 통해 초급자가 위성시스템 엔지니어링 개념을 보다 이해하기 쉽도록, 현업에서 쌓은 풍부한 경험을 바탕으로 흥미롭고 재미있게 구성한 저자의 세심한 배려에 찬사를 보냅니다.

한정된 일정과 비용, 그리고 기술현안에 직면하여 이를 해결하고 극복하면서 좀 더 체계적이고 효과적인 시스템 엔지니어링의 중요성을 새삼 느끼게 됩니다. 때문에 저희는 위성개발 몇 사이클을 경험하고도, '시스템 엔지니어링을 어떻게 하면 잘할 수 있을까' 항상 고민합니다.

막상 위성개발 실무를 접하기 전에는 시스템 엔지니어링의 철학과 전문지식이 피부에 잘 와닿지 않을 수 있습니다. 첫 단추를 잘 꿰어 놓은 옷은 마지막까지 제대로 입을 수 있는 것처럼 시스템 엔지니어링의 흐름 단계별 과업과 역할 그리고 시스템 엔지니어에게 요구되는 역량을 본 교재를 통해 잘 이해함으로써, 위성개발 실무에서 큰 도움을 얻기를 기원합니다.

시스템 엔지니어링의 업무와 조직 그리고 과업 흐름에 대하여 초급자는 물론 현업에 계신 분들도 다시 짚어보는 기회를 본 교재를 통해 접하시길 추천드립니다.

- KAIST 인공위성연구소(SaTReC) 장태성 박사

낯선 곳을 여행한다는 것은 두려움과 설렘이라는 감정을 동시에 갖도록 하는 것 같습니다. 우주공간에서 인공위성을 이용한 새로운 탐험을 한다는 것은 생각만 해도 굉장히 신나는 일이지만 막상 이 분야의 공부를 시작할 때 어떻게 시작해야 할지 어렵고 궁금해할 수 있을 것 같습니다.

대형 시스템을 설계하고 제작한다는 것은 복잡성으로 인해 범접하기가 매우 어려운 것이 사실입니다. 하지만 시스템 엔지니어링이라는 개념과 이론을 이해하면 큰 숲을 볼 수 있는 안목을 갖게 되고, 넓은 안목과 함께 실무라는 경험을 쌓아간다면 인공위성 체계 분야의 지식과 노하우를 바탕으로 독자들만의 새로운 인공위성을 만들 수 있다고 생각됩니다.

저자는 지난 25년간 한국항공우주연구원에서 다목적실용위성 개발의 핵심적인 역할을 수행하여 왔습니다. 이러한 실무 경험을 바탕으로 인공위성 시스템 엔지니어링 분야의 살아있는 지식과 노하우를 이 책에 담았다고 판단됩니다. 다른 저서에서 쉽게 접할 수 없는 내용을 실무 경험을 토대로 한 문장, 한 문장마다 잘 담아내고 있기에 인공위성 등 우주시스템을 처음 접하거나 기존에 접하였더라도 다시 한번 인공위성 시스템 엔지니어링 분야의 내용을 정리하는 데 많은 도움이 될 것이라 판단됩니다.

- KAIST 이동헌 교수

서문

본 교재 집필에 소중한 의견과 격려를 아낌없이 보내주신 전자통신연구원(ETRI) 정일구 박사, 항공우주산업주식회사(KAI) 이봉운 박사, 국방과학연구소(ADD) 이종환 박사, LIG넥스원 김종필 소장, 한화시스템 송성찬 소장, 나라스페이스테크놀로지 이정규 본부장, KAIST 이동헌 교수, KAIST 인공위성연구소(SaTReC) 장태성 박사, 천문연구원(KASI) 박종욱 박사에게 감사를 드립니다. 견마지로(犬馬之勞)의 수고를 마다하지 않고 마지막까지 도움을 준 공군 이기문 소령, 정인식 소령에게 사제지간의 고마움을 전합니다.

2024년 9월

서자 올림

히치하이킹(hitchhiking)은 무작정 손을 내미는 것만으로도
낯선 사람과 새로운 관계를 형성하고 값진 메시지를 공유하는 수단입니다.
우주 히치하이커를 꿈꾸는 이들에게 이 책을 바칩니다.

차례

제1장 우주 시스템

1.1 우주시스템 아키텍처 ··· 2
1.2 발사와 초기운영 ··· 4
1.3 광학위성과 레이더위성 ··· 7
핵심사항 요약 ··· 10

제2장 위성 시스템

2.1 우주시스템 레벨 ··· 12
2.2 위성시스템 아키텍처 ··· 14
2.3 위성 환경조건 ··· 16
2.3.1 발사환경 ··· 16
2.3.2 궤도환경 ··· 17
2.3.3 환경시험 ··· 18
핵심사항 요약 ··· 20

제3장 위성궤도

3.1 좌표계 ··· 22
3.1.1 ECI좌표계 ··· 22
3.1.2 ECEF좌표계 ··· 23
3.1.3 LVLH좌표계 ··· 24
3.1.4 위성좌표계 ··· 25
3.2 궤도 분류 ··· 25
3.3 궤도 요소 ··· 27
3.4 태양동기궤도 ··· 29
핵심사항 요약 ··· 34

제4장 시스템 운영

4.1 운영모드 ··· 36
4.2 자세결정과 자세제어 ··· 38
4.2.1 자세결정 센서 ··· 39
4.2.2 자세제어 액추에이터 ··· 40
4.3 정밀도 성능지수 ··· 41
4.3.1 지향정밀도 ··· 42
4.3.2 공간위치정확도 ··· 42
4.3.3 포착범위정확도 ··· 43
4.4 임무관제와 영상수신처리 ··· 44
핵심사항 요약 ··· 47

제5장 시스템 엔지니어링

5.1 시스템 엔지니어링의 시작 ··· 50
5.2 시스템 엔지니어링 필요성 ··· 52
5.3 시스템 상변화 과정 ··· 53
5.3.1 요구조건 ··· 54
5.3.2 설계기준 ··· 55
5.3.3 제품 ··· 55
5.4 프로젝트 생명주기 ··· 55
5.5 시스템 엔지니어링 조직 ··· 59
5.5.1 시스템 엔지니어링팀 업무 ··· 59
5.5.2 시스템 엔지니어 역할 ··· 60
5.5.3 NASA 프로젝트 수행 조직도 ··· 61
5.5.4 프로젝트 관리 ··· 62
5.6 시스템 엔지니어링 플로우 ··· 63

5.6.1 플로우 단계 …… 63
5.6.2 플로우 예제 …… 64
5.6.3 잘못된 플로우 순서 …… 67
5.7 Vee 모델 …… 68
핵심사항 요약 …… 70

제6장 시스템 엔지니어링 용어

6.1 기본 용어 …… 72
6.2 Verification과 Validation …… 75
6.3 Hazard와 Risk …… 76
6.4 Fault와 Failure …… 78
6.5 IPT와 WG …… 80
6.6 PBS와 WBS …… 81
핵심사항 요약 …… 84

제7장 시스템 설계

7.1 NR-ND 원칙 …… 88
7.2 시스템설계 프로세스 …… 88
7.3 요구조건 분석 …… 89
7.2.1 요구조건 유형 …… 91
7.2.2 요구조건 분해 …… 91
7.4 요구조건 분석 예제 …… 92
7.4.1 아폴로 프로그램 …… 92
7.4.2 공간위치정확도 …… 94
7.5 사양서 트리 …… 96
핵심사항 요약 …… 98

제8장 시스템 검증

8.1 NT-NO 원칙 ··· 100
8.2 제품실현 프로세스 ··· 100
8.3 검증 활동 ··· 102
8.3.1 검증 목표 ··· 102
8.3.2 검증 원칙 ··· 102
8.3.3 검증 절차 ··· 102
8.4 검증 도구 ··· 104
8.4.1 요구조건검증표 ··· 104
8.4.2 요구조건추적표 ··· 106
8.4.3 하드웨어 검증시험표 ··· 107
8.5 인증시험과 수락시험 ··· 110
8.6 검증 문서 ··· 111
핵심사항 요약 ··· 112

부록 A 프로젝트 마일스톤

A1. SRR(시스템요구조건검토) ··· 114
A2. SDR(시스템설계검토) ··· 114
A3. PDR(예비설계검토) ··· 115
A4. CDR(상세설계검토) ··· 116
A5. IRR(통합준비검토) ··· 117
A6. PSR(선적전검토) ··· 118

부록 B 약어 용어풀이

▷ 참고문헌 ··· 123
▷ 찾아보기 ··· 124

제 1 장

우주시스템

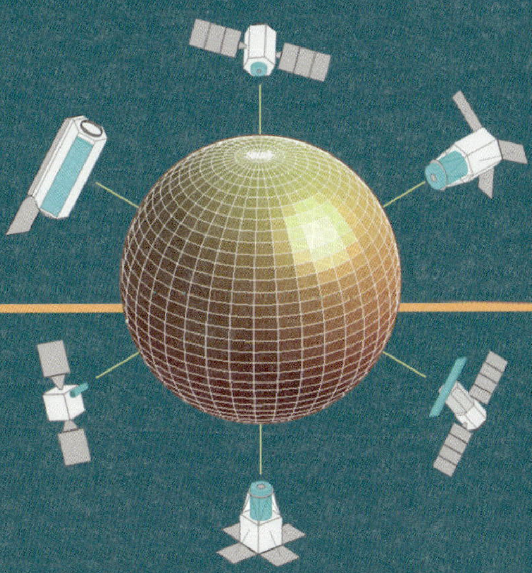

1.1 우주시스템 아키텍처
1.2 발사와 초기운영
1.3 광학위성과 레이더위성

1.1 우주시스템 아키텍처

1997년 개봉한 할리우드 SF 영화 〈제5원소(The Fifth Elements)〉[1]와 2019년 개봉한 한국 사극영화 〈나랏말싸미〉[2]를 아십니까? 거의 20년 간격을 두고 상영된 두 작품은 공통점이 있습니다. 두 영화 모두 세상만물의 구성요소를 소재로 하고 있다는 점입니다.

고대 그리스인들은 만물을 구성하는 요소를 물(water), 불(fire), 흙(earth), 공기(air)라고 생각했습니다. 〈제5원소〉는 미래 우주를 무대로 선과 악의 대결에서 만물 구성요소의 에너지를 활성화시켜 지구 인류를 구원한다는 줄거리입니다.

고대 동양철학은 만물을 구성하는 요소를 하늘(天), 땅(地), 사람(人)이라고 생각했습니다. 줄여서 천지인(天地人)으로 바로 한글 모음 창제의 기본원리이기도 합니다. 영화 〈나랏말싸미〉는 한글 창제에 숨겨진 이야기를 소재로 하는데, 우주시스템(space system)을 구성하는 요소가 한글 창제의 원리인 천지인과 관련이 있다면, 여러분은 어떤 생각이 드십니까?

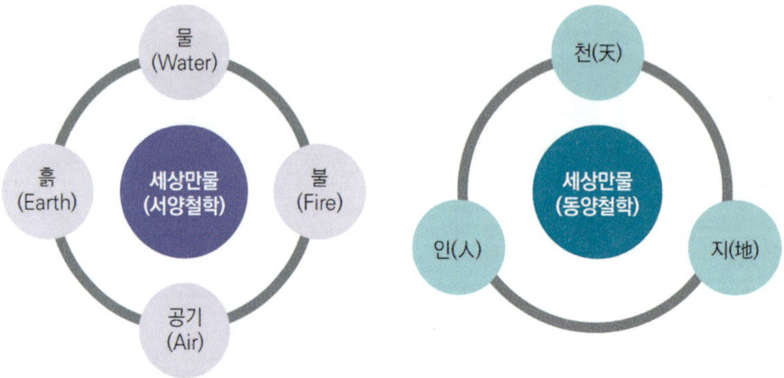

그림 1.1 세상만물 구성요소

일반적인 시스템 관점에서 아키텍처(architecture)는 시스템의 상위레벨 설계(design)와 구조(structure)를 의미하는데, 구성요소(component)의 구성(organization)과 배치(arrangement) 형상뿐 아니라 구성요소가 상호작용(interaction)하는 방식도 함께 포함합니다. 시스템 개발 프로젝트를 수행함에 아키텍처는 요구되는 기능과 성능을 하드웨어와 소프트웨어로 구현하기 위한 청사진(blueprint)의 역할을 합니다.

그림 1.2와 같이 우주시스템 아키텍처(space system architecture)는 3가지 구성요소를 가지는데, 바로 위성체, 지상체, 발사체입니다.

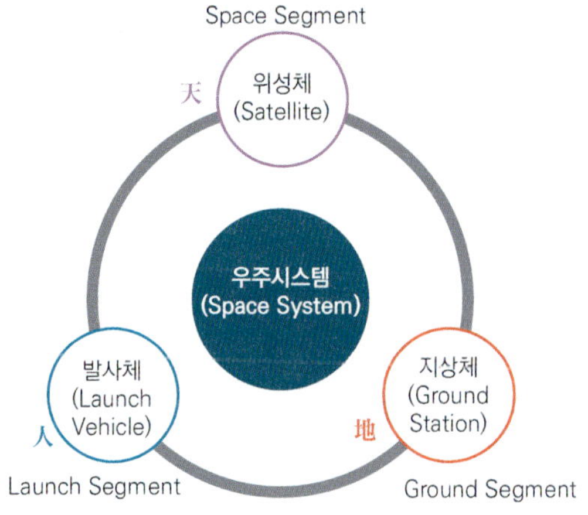

그림 1.2 우주시스템 아키텍처 구성요소

위성체(space segment 또는 satellite)는 천지인의 '天'에 해당합니다. 위성체는 우주공간(天)에서 궤도운동을 하며 지상관측, 우주관측, 데이터통신 등의 임무를 수행합니다. 위성체는 위성 본체(spacecraft bus)와 탑재체(payload)로 구분됩니다. 우리말 '위성'의 영어식 표기는 satellite, spacecraft, spacecraft bus가 있습니다. 혼동을 피하기 위해 satellite는 '위성체', spacecraft와 spacecraft bus는 '위성 본체'로 번역하는 것이 바람직합니다.

지상체(ground segment 또는 ground station)는 천지인의 '地'에 해당합니다. 지상체는 위성체의 임무 수행을 위한 (지상)명령을 생성하여 위성체에 전송하고, 위성체로부터 임무 결과 데이터를 수신합니다.

발사체(launch segment 또는 launch vehicle)는 천지인의 '人'에 해당합니다. 발사체는 지상에서 개발한 위성체를 우주공간의 목표궤도에 안착시킵니다. 천지인에서 하늘과 땅을 연결하는 사람의 역할과 유사합니다.

우주시스템의 3가지 구성요소는 상호 간 어떻게 운영될까요? 지상조립과 시험이 완료된 위성체는 발사장으로 운송되어 발사체와 기계적·전기적으로 결합됩니다. 위성체는 발사를 통해 우주 임무궤도에 도달하는데, 지상체 도움 없이 스스로 임무를 수행하는 것은 불가능합니다. 지상체는 통신을 통해 위성체의 상태를 점검하고 사용자의 임무요청에 따라 생성된 임무명령을 위성체에 전송합니다. 위성체는 관측, 통신 등의 요청받은 임무를 수행하고 수집한 데이터를 지상체로 전송합니다. 지상체는 원시 데이터(raw data) 형태로 수신된 임무 결과 데이터를 처리·보정하여 최종 결과물을 사용자에게 전달합니다.

위성을 처음 개발할 때 위성체를 관제하는 지상체를 함께 개발해야 하는데, 최근 큐브위성이나 초소형위성은 지상체를 직접 개발하지 않고 위성관제 서비스업체를 활용하는 사례가 많아지고 있습니다. 발사체는 위성발사 서비스업체와 용역계약을 통해 위성체를 임무궤도에 올려 놓는 것이 일반적입니다.

한편 '위성을 개발한다'는 것은 무슨 의미일까요? 단순히 우주공간에 있는 위성체를 잘 제작한다는 뜻일까요? 아닙니다. 위성을 개발한다는 것은 우주시스템을 구성하는 3가지 구성요소인 위성체, 지상체, 발사체를 함께 고려하여 개발해야 한다는 뜻입니다. 위성체는 발사 전 발사체와 전기·기계·발사환경·궤도환경 접속(interface)이 이루어져야 하며, 발사 후 지상체와 통신 접속도 이루어져야 합니다. 다시 말해 우주시스템 3가지 구성요소 상호 접속에 대한 설계, 구현, 시험, 검증, 운영 등을 개발 범위에 반드시 포함해야 합니다.

1.2 발사와 초기운영

'무소유'로 유명한 법정 스님은, 《아름다운 마무리》에서 아름답게 마무리하는 것은 잃어버린 초심을 회복하는 것이라고 강조했는데[3], 역으로 시스템 개발에 아름다운 시작은 무엇일까요? 마지막 순간 시스템이 어떤 모습을 가질지 상상(visualization)해보고 어떤 환경에서 어떻게 작동될지 예측(expectation)해보는 것이 아닐까요?

위성 개발은 최소 3~4년이 소요됩니다. 대형위성은 10년 이상 걸리는 사례도 있는데, 놀랍게도 허블 우주망원경(HST, Hubble Space Telescope)은 15년, 제임스 웹 우주망원경(JWST, James Web Space Telescope)은 25년이 걸렸습니다.

위성을 구성하는 각종 구성품의 개발이 완료되면 조립통합시험(AIT, Assembly Integration & Test) 시설에서 시스템 레벨의 조립 및 통합이 수행됩니다. 이후 통합시험(integration test), 기능시험, 성능시험, 우주환경시험, 종단시험(end-to-end test) 등을 통해 위성 완제품에 대한 요구조건 충족 여부를 최종 확인합니다. 보통 중대형 위성의 조립·통합·시험은 1~1.5년이 소요됩니다.

AIT 활동이 완료되면 위성과 지상지원장비(GSE, Ground Support Equipment)는 도로, 하늘길, 그리고 바닷길을 이용하여 발사장으로 운송됩니다. 운송 중 온도, 습도, 압력, 진동, 충격 등과 같은 가혹한 외부 환경에서 위성을 안전하게 보호하기 위해 특수 제작된 컨테이너를 사용합니다.

화학추력기(chemical thruster)를 사용하는 위성은 주로 하이드라진(Hydrazine)을 단일추진제(mono-propellant) 연료로 사용합니다. 하이드라진은 화학식 N2H4의 액체 화학물질로 발연성이 높아 위성 또는 로켓 연료로 많이 사용됩니다. 인체 발암성이 높고 호흡기, 피부 등에 영향을 미칠 수 있는 유독성의 위험 물질이기 때문에 위험성을 고려해 위성의 추진제 탱크(propellant tank)를 비운 채 발사장으로 운송됩니다.

인터넷으로 구매한 물건을 택배로 받으면 제일 먼저 하는 일은 무엇일까요? 택배상지 외관 상태를 확인하고 개봉 후 내용물의 손상 유무를 검사합니다. 이와 유사하게 위성이 발사장에 도착하면 운송 중 사고에 의해 발생 가능한 위성의 이상 유무를 검사합니다. 위성과 지상지원장비를 연결하고 전원을 공급하여 운송 전 AIT 시설에서 수행했던 위성 점검시험을 재연합니다. 위성 점검이 완료되면 추진제 탱크에 연료를 주입하는데, 누출 사고에 대비하여 발사장 내 특수시설에서 전문업체를 통해 작업이 수행됩니다. 이후 위성은 발사체 페어링(fairing) 내부에 탑재되고 전기·기계접속이 완료되면 발사대기(launch ready) 상태가 됩니다.

그림 1.3과 같이 위성발사(lift-off) 후 15~100분이 지나면 발사체에서 위성이 분리(satellite separation)됩니다. 발사체의 마지막 단을 상단부(upper stage)라 부르는데, 분리 순간까지 위성과 결합 상태를 유지하며 위성이 궤도에 안전하게 투입되도록 제어합니다. 상단부는 컴퓨터, 통신장치, 각종 센서와 액추에이터(actuator)를 갖춘 독립된 우주비행체로 위성분리 시점의 시간·위치·속도 정보를 지상으로 전송하는데, 지상

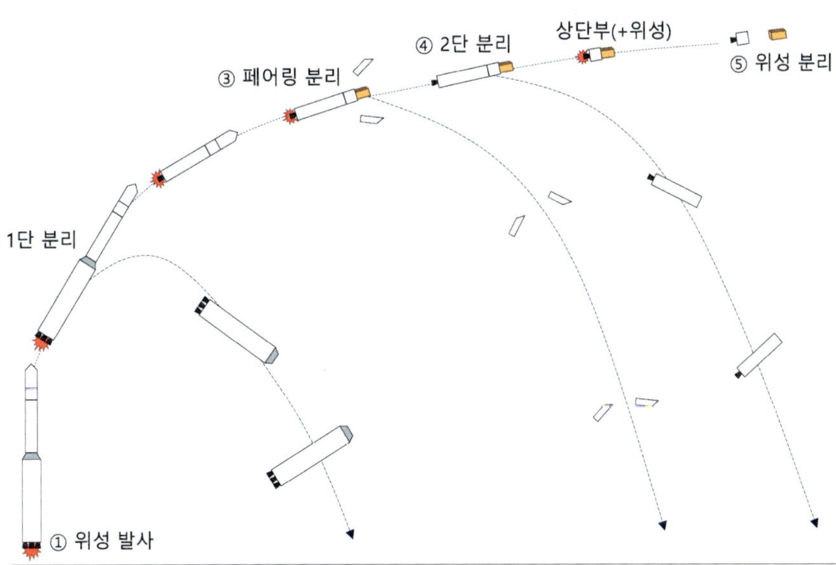

그림 1.3 누리호 비행 프로파일

국은 이를 이용하여 위성궤도를 예측하고 위성교신을 계획합니다.

그림 1.4와 같이 동계올림픽 컬링(Curling) 경기에서 스톤(stone)을 던지는 투구 행위를 딜리버리(delivery)라고 부릅니다. 투구자가 미끄러져 나오며 이어지는 딜리버리 동작에서 스톤을 가볍게 밀어주는 밸런스(balance)가 중요합니다. 위성이 임의의 각속도로 빠르게 회전하여 통제 불능인 상태를 텀블링(tumbling)이라고 부르는데, 발사체에서 분리될 때 텀블링이 발생하면 자세를 안정화하는 데 전력과 시간이 많이 소모됩니다. 최악의 상황에 배터리 방전으로 위성을 영영 잃어버릴 수도 있습니다. 발사체 상단부에서 위성이 분리되는 순간, 투구자인 발사체 상단부가 스톤인 위성을 임무궤도로 부드럽게 딜리버리하는 것이 중요합니다.

그림 1.4 동계올림픽 컬링 경기 딜리버리[4]

현대인들이 일과를 마치고 귀가 후 제일 먼저 하는 일은 무엇일까요? 바로 핸드폰 충전하기입니다. 위성이 발사체에서 분리되면 자세제어 액추에이터를 이용하여 위성 회전 각속도를 감소시킨 후 태양전지판(solar panel)이 태양을 지향하도록 제어합니다. 위성 배터리 충전을 통해 안정적인 전력을 확보하고 지상과 교신을 대기합니다. 이러한 일련의 과정은 지상국의 도움 없이 위성 내부에 저장된 명령(stored command)에 따라 수행됩니다.

위성이 관제 지상국 상공을 지나가면 교신을 처음 시도합니다. 이 순간을 첫교신(first contact)이라고 부르는데, 위성 발사성공(launch success)을 결정하는 중요한 대목입니다. 교신이 성공하면 위성으로부터 원격측정데이터(telemetry)를 수신하여 위성 상태를 점검한 후 초기운영(early operation)이 시작됩니다. 초기운영은 3~6개월 소요되는데, 이 기간동안 엔지니어들은 위성이 설계된 대로 임무궤도에서 정상 동작하는지 점검합니다. 이를 위해 위성 본체와 탑재체의 각종 전장품을 전개(deploy)하고 구동하여 이상유무를 확인합니다. 목표궤도의 달성 여부를 확인하고 궤도유지(orbit maintenance)를 위한 궤도조정을 수행합니다. 위성에 탑재된 탑재체(예: 광학카메라, 레이더안테나)를 운영하여 획득한 데이터를 지상국으로 송신하고 이를 수신한 지상국은 지상처리(ground processing)와 검보정(calibration & validation)을 수행합니다

그림 1.5와 같이 초기운영이 완료되면 위성운영 주도권이 개발그룹(development group)에서 지상국의 운영그룹(operation group)으로 양도됩니다. 이것을 운영권 이양(handover)이라고 부릅니다. 하지만 위성운영 중 이상상황이 발생하거나 성능개선이 요구될 경우 위성 개발그룹은 지상국의 위성 복구·개선 절차에 동참해야 합니다.

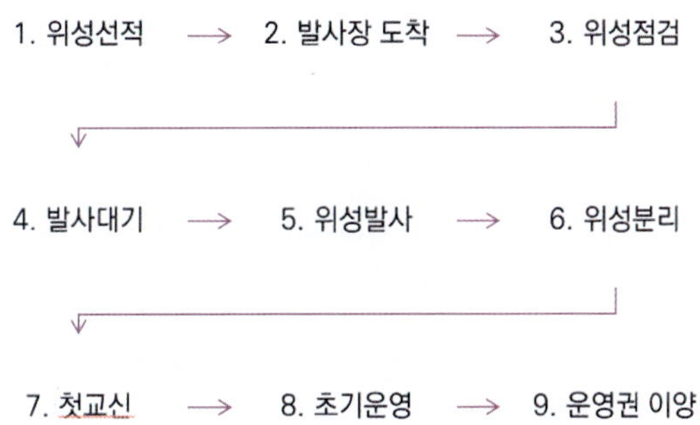

그림 1.5 위성 발사와 초기운영 활동

1.3 광학위성과 레이더위성

여러분은 각자 핸드폰을 가지고 있습니다. 핸드폰이 제공하는 시스템 기능은 어떤 것들이 있을까요? 고해상도 카메라를 이용해 정지영상 또는 동영상을 촬영할 수 있습니다. CPU와 메모리를 이용해 수치연산과 명령처리를 할 수 있습니다. 자이로센서, 자기장센서, GPS수신기를 이용해 현재 위치와 방향을 감지할 수 있습니다. LTE, 5G/6G, 와이파이(Wi-Fi), 블루투스(bluetooth) 등 다양한 통신모듈을 이용하여 데이터를 무선 전송·수신할 수 있습니다. 외부에서 공급하는 전력으로 리튬이온(Li-ion) 배터리를 충전할 수 있습니다. 견고한 케이스 덕분에 떨어뜨림 사고와 외부 충격에 대해 액정과 구성품을 보호할 수 있습니다. 효율적인 열설계를 통해 장시간 사용에도 발열로 인한 화상피해와 전자부품 손상을 방지합니다. 만약 여러분이 지금 손에 들고 있는 핸드폰을 우주로 발사하면 바로 (전자)광학(EO, Electro Optical)위성이 됩니다.

광학위성의 원리는 무엇일까요? 지상 목표물을 촬영하기 위해 광자(photon)가 필요합니다. 태양에서 날아온 광자는 지구 표면에 부딪힙니다. 산란된 광자 일부가 우주로 되돌아가 광학위성의 카메라 CCD(Charge Coupled Device)에 입사됩니다. 이 때 광자에너지를 전기에너지로 변환시켜 다양한 스펙트럼의 컬러영상을 획득합니다. 광학영상은 사람이 시각적으로 인지하여 편안하고 익숙한 영상을 제공하지만 치명적인 단점은 있습니다. 바로 광자가 없으면 영상을 얻을 수 없다는 것입니다. 예를 들어 하늘에 구름이 끼거나 밤이 되어 태양 빛이 없으면 광학위성은 무용지물이 됩니다.

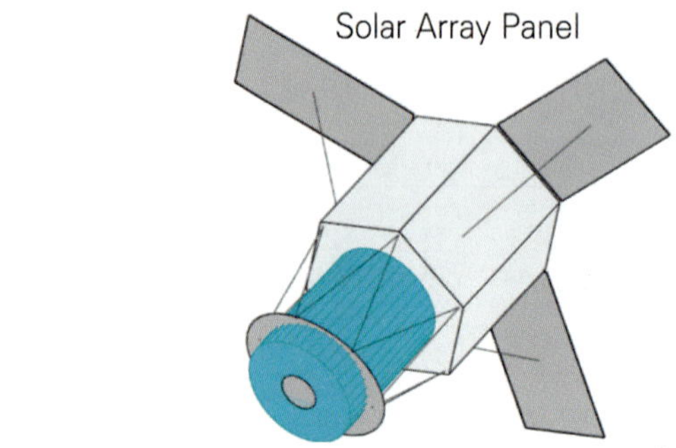

(a) 광학위성(다목적실용위성 3호 예)

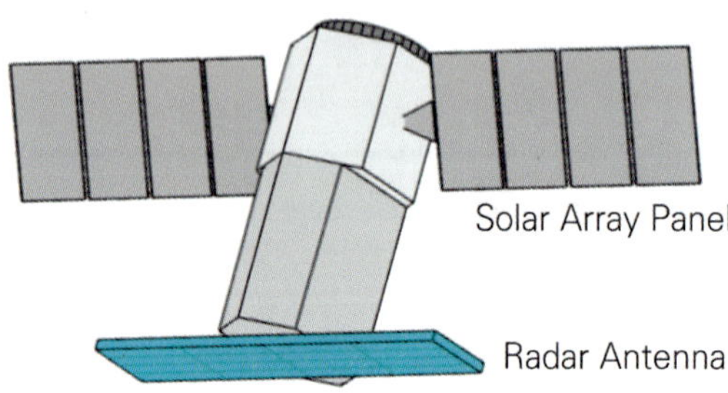

(b) 레이더위성(다목적실용위성 5호 예)

그림 1.6 위성 형상

이러한 한계를 극복하기 위해 고안된 것이 바로 (합성개구)레이더(SAR, Synthetic Aperture Radar)위성입니다. 레이더위성은 광자를 감지하지 않고 대신 레이더안테나를 통해 고출력 전자파(electromagnetic wave)를 지상으로 방사하고 지상에서 후방산란된(backscattered) 신호를 수신합니다. 전자파 신호의 시간지연(time delay), 도플러(doppler)를 이용한 신호처리를 통해 흑백영상을 획득합니다. 그림 1.7과 같이 레이더영상은 사물 반사도(reflectivity) 특성을 영상화하기 때문에 가시광선대의 광학영상

(a) 광학영상

(b) 레이더영상

그림 1.7 서울 잠실종합운동장[5]

에 비해 시각적으로 익숙하지 않습니다. 하지만 날씨와 시간대에 무관하게 관측 목표물에 대한 전천후 영상정보를 제공하는 장점이 있습니다.

광학영상을 획득하려면 태양빛이 필요하고 지상에서 반사된 빛을 감지해야 합니다. 광학영상은 사람이 사물을 바라보는 그대로를 시각화합니다. 이에 반해 레이더영상은 전자파를 지상으로 쏘고 반사된 신호를 수신하여 처리하는 방식으로, 마치 어두운 방 안에 손을 내밀고 거리를 감지하여 목표물의 형태를 인식하는 것과 비슷합니다. 사람의 신체 감각인 오감(five senses)에 비유하면, 광학위성은 빛을 감지하는 시각(sight), 레이더위성은 전자기적 촉각(electromagnetic touch)을 통해 목표물을 영상화합니다.

핵심사항 요약

- **우주시스템의 아키텍처는 위성체, 지상체, 발사체로 구성된다.**

  The space system architecture consists of space segment(or satellite), ground segment (or ground station), and launch segment(or launch vehicle).

- **위성 총조립·시험 완료 후 위성개발과 관련된 주요 활동은 위성선적, 발사장도착, 위성점검, 발사대기, 위성발사, 위성분리, 첫교신, 초기운영, 운영권 이양 등이 있다.**

  After completion of satellite integration & test, the major activities related to satellite development include satellite shipping, arrival to launch site, satellite inspection, launch ready, lift-off, satellite separation, first contact, early operation, and handover.

- **광학위성은 지상에서 반사된 태양빛을 시각적으로 감지하여 목표물 영상을 획득하는 데 반해 레이더위성은 전자파를 지상으로 방사하여 전자기적 촉각을 통해 목표물 영상을 형상화한다.**

  The EO(electro optical) satellites visually detects the sunlight reflected on the ground to take the target image, while the SAR(synthetic aperture radar) satellites radiate electromagnetic waves to the ground and generate the target image through electromagnetic touch.

제 2 장

위성시스템

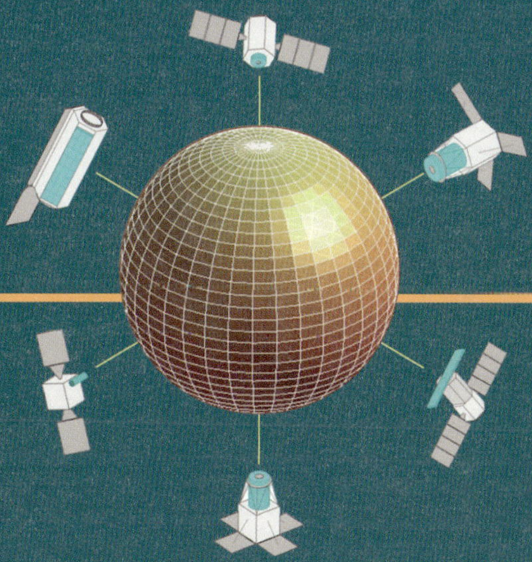

2.1 우주시스템 레벨

2.2 위성시스템 아키텍처

2.3 위성 환경조건

2.1 우주시스템 레벨

회사에서 맡은 업무에 따라 정해지는 서열을 직위라고 하는데, 예를 들어 부장, 차창, 과장, 대리, 주임, 사원 등이 있습니다. 그림 2.1과 같이 우주시스템도 직위처럼 하향식 계층구조(top-down hierarchy)를 가지는데, 이것을 우주시스템 레벨(level of space system)이라고 부릅니다.

계층구조의 Level-1은 시스템(system), 우리말로 '체계'라 부릅니다. 우주시스템이 바로 그것입니다.

Level-2는 세그먼트(segment), 우리말로 '부시스템' 또는 '부문'이라 부릅니다. 대표적인 부시스템으로 위성체, 지상체, 발사체가 있습니다. 위성관련 업체 종사자의 명함에 위성부문장, 지상부문장 같은 직함을 볼 수 있는데, 부문장이 바로 세그먼트를 담당하는 최고부서장입니다.

Level-3은 엘리먼트(element), 우리말로 '개발요소'라 부릅니다. 위성체의 개발요소는 위성 본체와 탑재체가 있습니다.

Level-4는 서브시스템(subsystem), 우리말로 '서브시스템' 또는 '하부시스템'이라고 부릅니다. 위성 본체의 서브시스템은 자세제어계(ACS, Attitude Control Subsystem), 추진계(PS, Propulsion Subsystem), 전력계(EPS, Electrical Power Subsystem), 원격측정명령계(TC&RS, Telemetry, Command & Ranging Subsystem), 구조계(SMS, Structure and Mechanisms Subsystem), 열제어계(TCS, Thermal Control Subsystem), 비행소프트웨어계(FSW, Flight Software Subsystem)가 있습니다. 자세제어계는 위성

Level-1 System	레벨-1 시스템 (또는 체계)
Level-2 Segment	레벨-2 부시스템 (또는 부문)
Level-3 Element	레벨-3 개발요소
Level-4 Subsystem	레벨-4 서브시스템 (또는 하부시스템)
Level-5 Assembly (or Equipment)	레벨-5 조립품 (또는 전장품)
Level-6 Subassembly	레벨-6 하부조립품
Level-7 Component	레벨-7 구성품
Level-8 Part	레벨-8 부품

그림 2.1 우주시스템 레벨

이 지향하는 방향을 감지하고 원하는 자세로 기동을 수행합니다. 추진계는 궤도조정을 위한 추력기 제어를 수행합니다. 전력계는 태양전지판을 통해 전력을 생산하여 전장품에 분배합니다. 원격측정명령계는 탑재컴퓨터(on-board computer)를 통해 지상명령과 측정데이터를 처리합니다. 구조계는 발사환경에서 위성을 보호하고 구성품을 견고하게 지지합니다. 열제어계는 궤도 열환경에서 위성 전장품을 적정 온도로 유지합니다. 비행소프트웨어계는 탑재컴퓨터를 운영하고 각종 전장품을 제어하기 위한 소프트웨어를 운영합니다.

Level-5는 어셈블리(assembly) 또는 이큅먼트(equipment), 우리말로 '조립품' 또는 '전장품'이라고 부릅니다. 예를 들어 그림 2.2와 같이 자세제어계의 조립품은 반작용휠(reaction wheel), 자이로(gyro), 별추적기(star tracker), 태양센서(sun sensor), 자기장센서(magnetometer), 자장토커(magnetic torquer) 등이 있습니다.

Level-6은 서브어셈블리(subassembly), 우리말로 '하부조립품'이라고 부릅니다. 반작용휠의 하부조립품은 회전자(rotor), 고정자(stator), 모터드라이버(motor driver) 등이 있습니다.

Level-7은 컴포넌트(component), 우리말로 '구성품'이라 부릅니다. 반작용휠 회전자의 구성품은 베어링(bearing), 플라이휠(flywheel) 등이 있습니다.

Level-8은 파트(part), 우리말로 '부품'이라고 부릅니다. 반작용휠 베어링의 부품은

그림 2.2 위성시스템 레벨 예

볼(ball), 레이서(racer), 윤활유(lubricant) 등이 있습니다. 참고로 전기전자 구성품의 경우 트랜지스터(transistor), 다이오드(diode), 커패시터(capacitor) 등이 부품이 됩니다.

2.2 위성시스템 아키텍처

위성시스템을 다루기 전에 우리가 잘 알고 있는 대중교통 버스시스템에 대해 알아보겠습니다. 그림 2.3과 같이 버스시스템은 2가지로 구성되는데, 버스차량(bus car)과 승객(passenger)입니다. 두 개 요소 중 무엇이 더 중요할까요? 정답은 당연히 승객입니다. 그렇다면 버스차량의 역할은 무엇일까요? 승객을 태워 원하는 곳으로 이동시켜 줍니다. 냉난방 제어를 통해 외부 날씨에 관계없이 승객을 열적으로 안락하게 해줍니다. 외부 물리적 충격으로부터 차량의 구조적 안정성을 유지하며 승객을 보호합니다. 외부와 통신을 위한 와이파이 서비스를 제공합니다. 휴대 전자기기를 충전하기 위한 전력을 공급합니다. 정리하면 버스차량은 승객이 임무(목적지 이동)를 달성하는 데 필요한 제반사항을 지원합니다.

그림 2.3 대중교통 버스시스템 아키텍처

대중교통에서 버스차량과 승객의 관계를 위성시스템에 적용해보겠습니다. 이미 1장에서 설명한 바와 같이 우주시스템은 위성체, 지상체, 발사체로 구분됩니다. 시스템 엔지니어링 측면에서 위성체를 위성시스템이라 부르는데, 위성 본체와 탑재체로 구분됩니다. 위성 본체를 플랫폼(platform) 또는 버스(bus)라고 부르기도 합니다. 위성 본체는 대중교통 버스시스템에서 버스차량으로, 탑재체는 승객으로 비유될 수 있습니다. 다시 말해 위성 본체는 탑재체가 임무를 성공적으로 수행하는 데 필요한 모든 기능을 제공합니다.

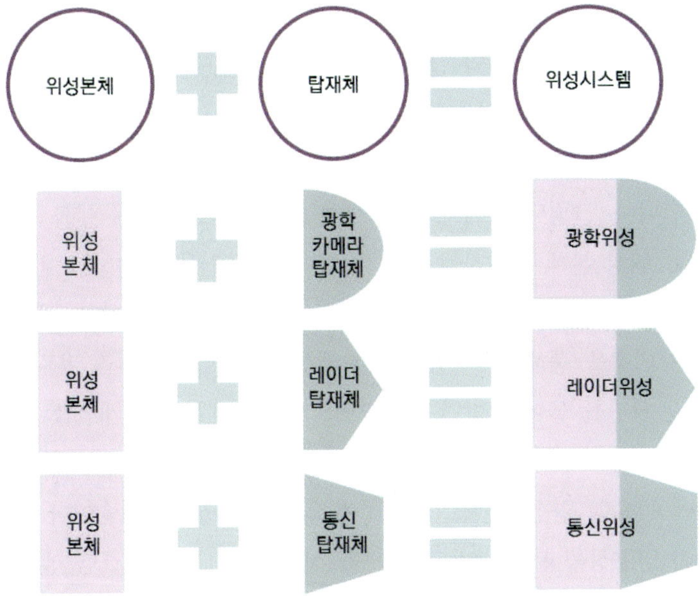

그림 2.4 위성시스템 아키텍처

탑재체(payload)는 어떤 종류가 있을까요? 대표적으로 광학카메라(optical camera) 탑재체, 레이더(radar)탑재체, 통신(communication)탑재제 등이 있습니다. 그림 2.4와 같이 위성 본체에 광학카메라 탑재체가 장착되면 광학위성, 레이더 탑재체가 장착되면 레이더위성, 통신 탑재체가 장착되면 통신위성이 됩니다.

위성 본체(spacecraft bus)는 탑재체를 위해 어떠한 역할을 수행할까요? 발사하는 동안 발사체의 가혹한 진동으로부터 탑재체를 기계·구조적으로 안정하게 유지합니다. 탑재체 동작에 필요한 전력을 공급하고 잉여 전기에너지를 저장합니다. 열적으로 열악한 궤도환경에서 탑재체가 정상 동작하도록 적정 온도를 유지합니다. 탑재체가 목표물을 신속하게 지향하도록 자세제어를 수행합니다. 지상국으로부터 수신한 원격명령을 탑재체에 전달하고 획득된 원격측정데이터를 지상국으로 전송합니다. 탑재체의 최적 임무조건을 충족하기 위한 궤도 유지관리를 수행합니다.

위성 개발에 위성 본체와 탑재체 간의 접속요구조건 할당이 중요합니다. 접속설계를 수행하고 접속시양서(ICD, Interface Control Document)로 문서화하는 동안, 위성 본체 개발자와 탑재체 개발자 간의 기술적 이해충돌이 자주 발생합니다. 예를 들어 탑재체가 요구하는 레이더 탑재체의 공급전원이 100V인 데 반해 위성 본체의 전력공급 장치가 제공할 수 있는 표준전원은 28V라고 가정해보겠습니다. 설계마진을 최대로 활용하더라도 탑재체에 공급 가능한 최대 전압이 50V에 불과하다면 어떻게 해결해야 할까요? 위성 본체 개발자는 탑재체 요구조건을 수락(accept)해야 할까요 아니면 거부(reject)해야 할까요? 위성 본체와 탑재체 간의 접속 요구조건 불일치는 위성 개발현장에서 흔히 발생하는 상황입니다.

해결방안은 의외로 간단합니다. 앞에서 설명한 대로 위성 본체는 탑재체를 지원하기 위해 존재합니다. 그렇다고 해서 본체 개발자가 탑재체 요구를 무조건 따라야 하는 것은 아닙니다. 위성 본체 개발자는 탑재체 접속요구조건을 충족하기 위한 대안(alternative)을 제시하고 적정성 검토(trade-off study)를 수행해야 합니다. 예를 들어, 전원제어장치 설계 변경을 통해 전력 공급량을 개선하는 방안, 배터리 용량을 키우는 방안, 태양전지판 크기를 늘이는 방안, 태양지향 자세에 대한 운영개념을 개선하는 방안 등 여러 가지 대안들이 있습니다. 이로 인해 위성시스템의 부피와 무게가 증가하고 프로젝트 수행에 필요한 일정, 인력, 비용 등에 영향을 끼칠 수 있습니다. 위성 본체 개발자는 기술적 영향성을 분석하여 그 결과를 상위레벨인 위성시스템 엔지니어 그룹에게 보고해야 합니다. 위성시스템 엔지니어 그룹은 시스템 설계마진, 프로젝트 자원, 개발일정, 위험도 등을 종합적으로 고려하여 의사결정 과정을 주도해야 합니다.

2.3 위성 환경조건

위성 발사부터 임무 종료까지 노출되는 환경은 발사환경(launch environment)과 궤도환경(orbit environment)으로 구분됩니다. 발사환경은 위성발사부터 위성분리까지, 궤도환경은 위성분리부터 임무 종료까지 구간을 의미합니다.

2.3.1 발사환경

저궤도위성은 발사장에서 위성발사 후 위성분리까지 얼마의 시간이 소요될까요? 발사장 위치, 발사체 성능, 위성분리 궤도, 동반위성(co-passenger) 유무 등에 따라 달라지는데, 위성 단독발사(single launch)일 때 15~100분이 소요됩니다. 발사환경은 발사체 발사, 발사체 단분리(stage separation), 위성분리, 발사체 재진입 등이 수행되어 위성 발사성공에 영향을 주는 중요한 구간입니다.

지상에서 고도 80km까지 대기(atmosphere)가 존재하는데, 발사 후 해당 고도를 비행하는 동안 높은 속도와 압력으로 공기 중 분자가 격렬하게 진동(vibration)합니다.

이러한 상황에 노출된 위성은 90초 이상 다축(multi-axes) 방향 힘과 압력을 감당해야 합니다. 통상 전투기조종사가 견디는 중력가속도가 9g인데, 위성은 이보다 큰 최대 20g 하중에 노출되고 이때 공기와 마찰로 엄청난 소음(acoustic)이 발생합니다.

발사체는 발사 성능을 극대화하기 위해 여러 개의 로켓단(stage)으로 구성됩니다. 나로호(Naro)는 2단형 발사체이고 누리호(Nuri)는 3단형 발사체입니다. 놀이동산에서 인기 있는 놀이 기구인 자이로드롭(Gyro Drop)을 아십니까? 자이로드롭은 타워 꼭대기에서 순간적으로 분리되어 자유 낙하하는 놀이 기구입니다. 이때 발생하는 순간적인 충격(shock)을 통해 스릴과 재미를 만끽하는데, 발사체의 단분리, 페어링분리, 위성분리하는 동안 위성은 이러한 충격에 노출됩니다.

2.3.2 궤도환경

궤도환경은 산소 원자(atomic oxygen), 자외선, 이온화 방사선(ionizing radiation), 초고진공(ultra-high vacuum), 열주기(thermal cycle), 미세 유성체(micrometeoroids), 궤도 잔해(orbital debris) 등의 위험 요소를 포함합니다. 이러한 요소들은 위성을 구성하는 재료 및 전자 부품의 열화(degradation)를 일으키는 주요 원인이 됩니다.

궤도환경에서 위성은 5×10^{-10}Torr의 초고진공과 ±100°C의 열주기에 노출됩니다. 위성이 태양을 바라보는 면은 +100°C, 심우주를 바라보는 면은 −100°C의 온도 분포를 가지게 되어 위성의 앞·뒷면 온도차가 200°C에 이릅니다. 지상환경에서는 데워진 열은 대류(convection)에 의해서 차가운 쪽으로 이동하지만 공기가 없는 우주환경은 대류를 통한 열 이동이 불가능합니다. 위성 내부에 발생한 열은 일부 방사(radiation)를 제외하고 대부분 전도(conduction)에 의해서 이동됩니다. 이로 인해 열 이동 경로에 위치한 전장품에 열 집중이 발생하여 고장의 원인이 됩니다.

궤도는 일 구간(태양이 비치는 구간, daylight region)과 식 구간(태양이 없는 그림자 구간, eclipse region)으로 구분됩니다. 위성이 두 구간을 천이(transition)할 때 갑작스러운 열변화로 열충격(thermal shock)이 발생합니다. 이로 인해 위성 구조물이 변형, 탑재체 성능 저하, 자세제어 센서의 오정렬(misalignment) 등과 같은 문제가 발생합니다.

태양풍(solar wind)을 통해 위싱으로 날아오는 방사선 하전입자(charged particle)는 전자부품의 일시적 오동작과 영구손상의 원인이 됩니다.

2.3.3 환경시험

위성을 설계할 때 발사 중 발생하는 진동, 충격, 음향에 대한 발사환경 요구조건뿐 아니라 우주 궤도에서 발생하는 진공, 열주기, 방사선에 대한 궤도환경 요구조건을 반

(a) 진동시험

(b) 충격시험

(c) 음향시험

그림 2.5 발사환경시험[6~7]

드시 고려해야 합니다. 위성 총조립 후 위성체 레벨 시험을 통해 시스템 수준에서 환경설계시험사양서(Environmental Design & Test Specification)의 충족성 여부를 확인하는 것이 중요합니다.

그림 2.5와 같이 발사환경에 대한 성능검증을 위해 진동시험(vibration test), 충격시험(shock test), 음향시험(acoustic test) 등이 수행됩니다. 진동시험은 위성을 가진기(vibrator) 위에 올려놓고 발사체에서 발생하는 진동하중을 인가, 충격시험은 발사체 모사상치를 위싱과 결합한 상태에서 순간적으로 분리시켜 충격하중을 인가, 음향시험은 발사중에서 발생하는 음압하중을 인가하여 위성에 미치는 영향성을 확인합니다.

그림 2.6과 같이 궤도환경에 대한 성능검증을 위해 열진공시험(thermal vacuum test), 전자파시험(EMC test) 등이 수행됩니다. 열진공시험은 극저온 진공 상태에서 위성의 발열조건을 모사하여 궤도상 진공과 열주기에 의해 위성에 미치는 영향성을 확인합니다. 전자파시험은 위성이 운영되는 동안 발생하는 전자파 방사(radiation)와 전도(conduction)에 의해 전장품 상호 간 영향성을 확인합니다.

(a) 열진공시험

(b) 전자파시험

그림 2.6 궤도환경시험[6~7]

핵심사항 요약

- **우주시스템 레벨은 시스템(또는 체계), 부시스템(또는 부문), 개발요소, 서브시스템(또는 하부시스템), 조립품(또는 전장품), 하부조립품, 구성품, 부품 등으로 구성된다.**

  The level of space system consists of system, segment, element, subsystem, assembly(or equipment), subassembly, component, and part.

- **위성시스템의 아키텍처는 위성 본체(또는 플랫폼)와 탑재체로 구성된다.**

  The satellite system architecture consists of spacecraft bus(platform) and payload.

- **위성 본체의 서브시스템으로 자세제어계, 추진계, 전력계, 원격측정명령계, 구조계, 열제어계, 비행소프트웨어계 등이 있다.**

  The subsystems of spacecraft bus include ACS(Attitude Control Subsystem), PS(Propulsion Subsystem), EPS(Electrical Power Subsystem), TC&RS(Telemetry, Command & Ranging Subsystem), SMS(Structure and Mechanisms Subsystem), TCS(Thermal Control Subsystem), and FSW(Flight Software Subsystem).

- **대표적인 탑재체로 광학카메라 탑재체, 레이더 탑재체, 통신 탑재체 등이 있다.**

  The typical payloads include optical camera payload, radar payload, and communication payload.

- **위성이 발사부터 임무 종료까지 노출되는 환경은 발사환경과 궤도환경으로 구분된다.**

  The environments that satellites are exposed to from launch to mission completion are divided into launch environment and orbit environment.

- **발사환경에 대한 성능검증을 위해 진동시험, 충격시험, 음향시험 등이 수행된다.**

  The vibration test, shock test, and acoustic test are performed to verify performance in the launch environment.

- **궤도환경에 대한 성능검증을 위해 열진공시험, 전자파시험 등이 수행된다.**

  The thermal vacuum test and EMC(Electromagnetic Compatibility) test are performed to verify performance in the orbit environment.

제 3 장

위성궤도

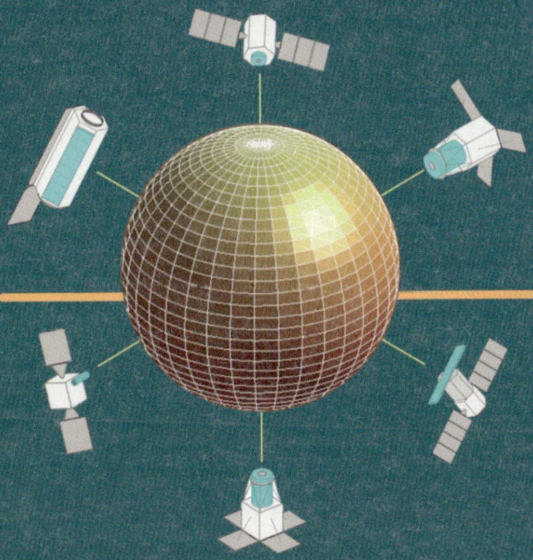

3.1 좌표계
3.2 궤도 분류
3.3 궤도 요소
3.4 태양동기궤도

3.1 좌표계

낯선 곳에 길을 잃어 도움을 청할 때가 있습니다. 예를 들어 “지하철 출구를 나와 정면을 바라볼 때 2시 방향에 위치하고 있다. 정면에 시청 입구가 있고 오른쪽에 편의점이 보이는 위치에 있다.”고 연락합니다. 주변 랜드마크(landmark)를 이용하여 기준(reference)을 정하고 자신의 상대적 위치를 설명합니다. 이와 같이 좌표계(coordinate system 또는 frame)는 대상체의 위치와 방향을 표현하는 기준이며 수학적 요건만 갖춘다면 좌표계의 종류는 무한 가지입니다.

지상과 달리 인공적인 랜드마크가 없는 우주공간에서 좌표계를 어떻게 정의할까요? 지구를 중심으로 궤도 운동을 하는 위성을 운용하는 데 사용되는 대표적인 좌표계는 4가지가 있습니다. 바로 지구중심관성(ECI, Earth Centered Inertial)좌표계, 지구중심지구고정(ECEF, Earth Centered Earth Fixed)좌표계, 지역수직지역수평(LVLH, Local Vertical Local Horizontal)좌표계, 위성(spacecraft body)좌표계입니다.

3.1.1 ECI좌표계

그림 3.1과 같이 ECI좌표계는 관성좌표계(자유공간에 고정되어 있거나 속도가 일정하게 움직이는 좌표계)의 일종으로 원점이 지구 중심에 있고 X축은 적도면(equatorial plane)과 황도면이 교차하는 춘분점(vernal equinox)을 가리킵니다. Z축은 북극을 가리키고, Y축은 적도면에 존재하며 오른손 법칙에 따라 Z, X축에 동시에 수직인 축으로 결정됩니다. ECI좌표계의 X, Y, Z축은 모두 우주 공간에 고정되어 있으며, 위성의 궤도 요소는 ECI좌표계 기준으로 표현됩니다.

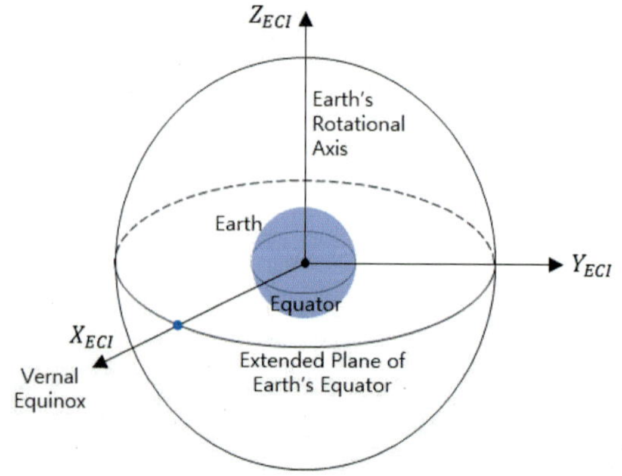

그림 3.1 ECI좌표계

3.1.2 ECEF좌표계

그림 3.2와 같이 ECEF좌표계는 원점이 지구 중심에 있고 X축은 적도면과 본초자오선(경도 0도인 그리니치 천문대를 지나는 유일한 자오선)이 교차하는 점을 가리킵니다. Z축은 북극을 가리키고, Y축은 적도면에 존재하며 Z, X축에 동시에 수직인 축으로 결정됩니다. ECEF좌표계의 X, Y, Z축은 모두 지구에 고정되어 있으며, GPS수신기가 제공하는 위성측위 데이터(위치, 속도)는 ECEF좌표계 기준으로 표현됩니다.

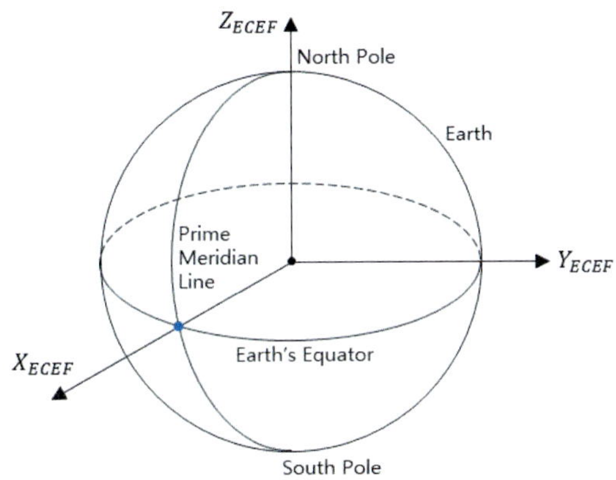

그림 3.2 ECEF좌표계

ECEF좌표계를 고도각(elevation)과 방위각(azimuth)으로 표현하면 위경도(latitude longitude)좌표계로 변환이 가능합니다. 이것을 2차원 평면으로 펼쳐 놓으면 그림 3.3과 같이 지상국 관제실 대형모니터에서 볼 수 있는 세계지도상 위성 궤적(orbit trajectory)을 표시하는 데 사용됩니다. 이때 위성 궤적이 오른쪽에서 왼쪽으로 이동하는 패턴을 보이는데, 이것은 지구자전으로 인해 위경도 좌표계에서 나타나는 현상입니다.

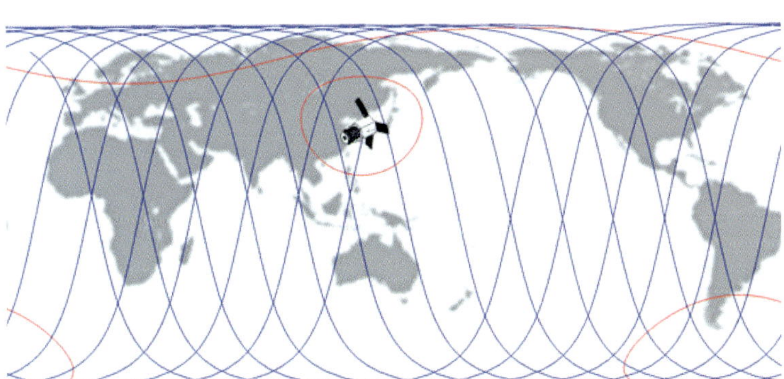

그림 3.3 위경도 좌표계에서 위성궤적 예

ECEF좌표계는 ECI좌표계와 Z축을 서로 공유하는데, 지구 자전에 의해 ECEF좌표계의 X, Y축은 하루에 한 번씩 ECI좌표계의 X, Y축과 일치하게 됩니다. 두 좌표계 간 변환행렬(DCM, Direction Cosine Matrix)을 통해 ECEF좌표계에서 관측된 GPS 위성측위 데이터를 ECI좌표계로 변환이 가능합니다.

3.1.3 LVLH좌표계

그림 3.4와 같이 LVLH좌표계는 원점이 위성 중심에 있고, X축은 위성의 속도방향을 가리킵니다. Z축은 지구중심을 가리키고, Y축은 Z, X축에 동시에 수직인 축으로 결정되어 궤도면과 수직을 이룹니다. ECI좌표계와 ECEF좌표계의 X, Y, Z축은 위성의 위치와 무관하게 정의되지만 LVLH좌표계의 X, Y, Z축은 위성위치에 따라서 바뀝니다.

지구타원체(earth ellipsoid)의 편평도(oblateness)뿐 아니라 위성궤도의 이심률(eccentricity) 때문에 위성에서 바라본 지구중심 방향과 위성 직하점(sub-satellite point)이 일치하지 않는 경우가 있습니다. 이를 고려하여 LVLH좌표계는 Geocentric LVLH와 Geodetic LVLH로 세분화됩니다. Geocentric LVLH좌표계는 Z축이 지구중심을 가리키도록 정의되어 궤도조정(orbit adjustment)에 사용되는 반면, Geodetic LVLH좌표계는 Z축이 위성 직하점을 가리키도록 정의되어 지상목표물에 대한 영상획득 임무계획(mission planning)에 사용됩니다.

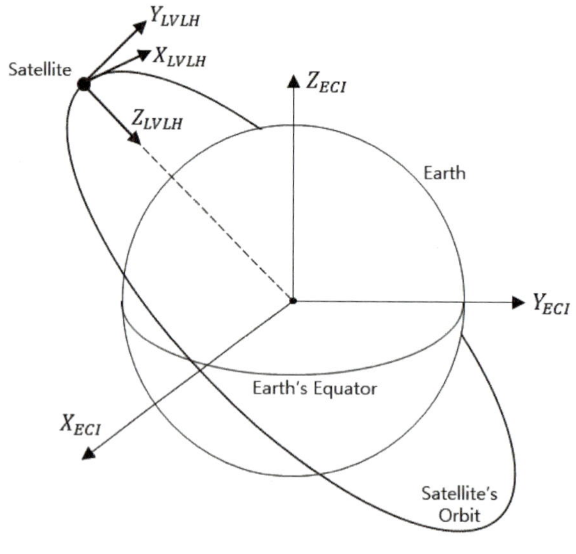

그림 3.4 LVLH좌표계

3.1.4 위성좌표계

위성좌표계는 위성 몸체에 고정된 좌표계로 특별한 규칙이 없어 위성 개발자가 임의로 정의합니다. 일반적으로 원점은 위성의 무게중심(center of mass)에 있고, Z축은 탑재체 관측 시선벡터(line-of-sight 또는 bore-sight)을 가리킵니다. 그림 3.5와 같이 광학위성은 광학카메라 주반사경의 시선벡터, 레이더위성은 레이더안테나 패널의 법선벡터 방향과 일치합니다. X축은 임무모드에서 위성의 속도방향으로 정의되는 사례가 많고, Y축은 Z, X축에 동시에 수직인 축으로 결정됩니다.

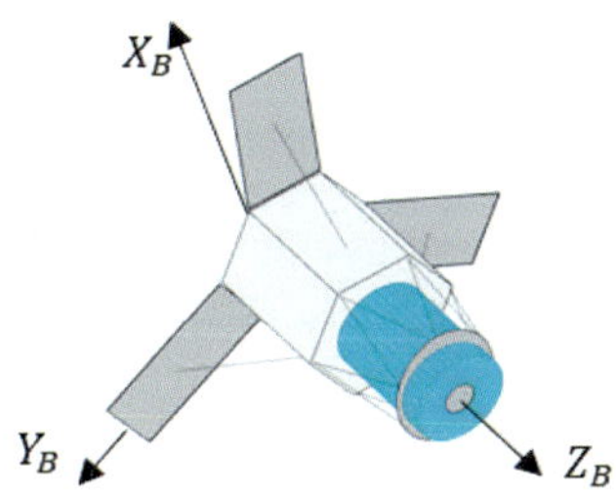

(a) 광학위성

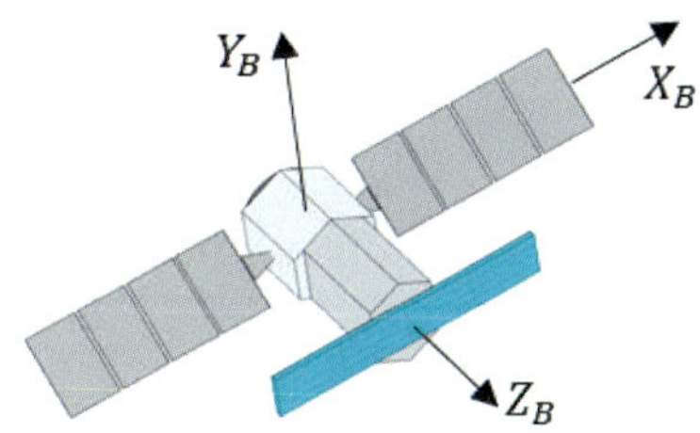

(b) 레이더위성

그림 3.5 위성좌표계 예

3.2 궤도 분류

위성궤도는 5가지 범주(category)로 분류되는데, 저궤도(LEO, Low Earth Orbit), 중궤도(MEO, Medium Earth Orbit), 정지궤도(GEO, Geostationary Orbit), 지구동기궤도(GSO, Geosynchronous Orbit), 고타원궤도(HEO, Highly Elliptical Orbit)가 있습니다.

저궤도위성은 고도 300~1500km에서 운영되며 속도는 초속 7.1~7.7km인데, 대표적인 저궤도위성은 축구장 절반 정도의 크기로 우주에서 가장 큰 인공구조물인 국제우주정거장(ISS, International Space Station)입니다. 중궤도위성은 고도 20000km에서 운영되며 속도가 초속 3.9km인데, 대표적 중궤도위성은 미국 위성항법시스템인 GPS위성입니다. 정지궤도위성은 고도 36000km에서 운영되며 속도가 초속 3.1km입니다. 대한민국의 대표적인 정지궤도위성으로 천리안 위성이 있는데, 궤도주기가 지구자전주기와 동일하여 지상에서 관측 시 상공에 정지해 있는 것처럼 보입니다.

표 3.1 위성궤도 분류

Category	Description
저궤도 (LEO, Low Earth Orbit)	고도: 160~2,000km 속도: 7~8km/sec 공전주기: ~90minutes
중궤도 (MEO, Medium Earth Orbit)	고도: 2,000~35,786km 속도: 3~8km/sec 공전주기: 2~24hours
정지궤도 (GEO, Geostationary Orbit)	고도: 35,786km 경사각: 0deg 속도: 3km/sec 공전주기: 24hours
지구동기궤도 (GSO, Geosynchronous Orbit)	고도: 35,786km 속도: 3km/sec 공전주기: 24hours
고타원궤도 (HEO, Highly Elliptical Orbit)	고도: 1,000km(근지점), 40,000km(원지점) 속도: 1.5~10km/sec 공전주기: 12hours

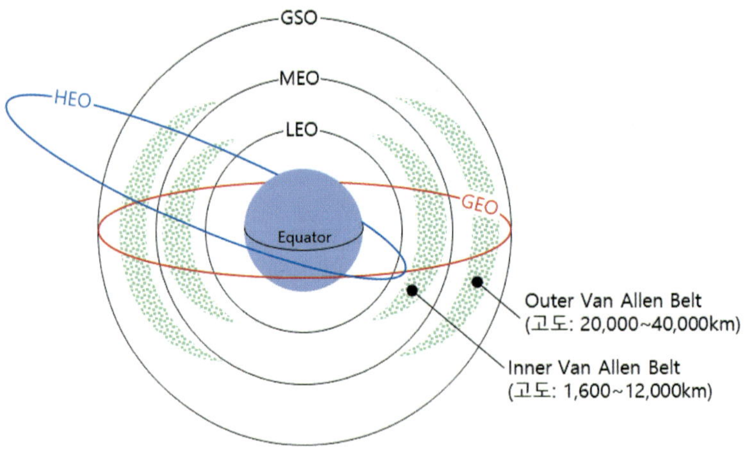

그림 3.6 밴 앨런 벨트(Van Allen Belt)

그림 3.6과 같이 저궤도와 중궤도의 사이, 중궤도와 정지궤도의 사이 고도에 위성을 운영할 경우 각별한 주의가 필요한데, 바로 태양풍(solar wind)과 관계가 있습니다. 태양풍은 지구자기장과 결합하여 지구 주변에 이층구조의 방사선층(radiation layer)을 형성하는데, 이것을 밴 앨런 벨트(Van Allen Belt)라 부릅니다. 밴 앨런 벨트에는 태

양풍에 실려온 고에너지 하전입자가 분포하여 이 지역에 장시간 노출되면 전장품의 오동작 또는 영구손상을 유발합니다. 밴 앨런 벨트는 마치 지구를 둘러싸고 있는 지뢰밭과 같아서 위성운영에 피해야 할 영역입니다. 정지궤도위성은 발사 후 최종 임무궤도까지 도달하기 위해 이 지역을 반드시 경유할 수밖에 없어 각별한 주의가 필요합니다. 실제 원인불명의 이상동작으로 위성이 안전모드(safe mode)로 진입하여 긴급하게 복구하는 사례가 종종 있습니다.

남대서양 이상지대(SAA, South Atlantic Anomaly)는 지구 자전축(earth's rotation axis)과 자기축(earth's magnetic axis)의 이격으로 인해 밴 앨런 벨트(Van Allen Belt)가 지상 고도 200km까지 접근하는 지역입니다. SAA는 지자기장 세기가 주변에 비해 현저히 약해 이 지역을 통과하는 위성은 높은 방사선과 전자기 간섭에 영향을 받아 전장품의 이상동작, 오작동, 고장 등의 위험에 노출됩니다. SAA지역에서 위성 운영의 안전성과 신뢰성을 보장하기 위해 시스템 차원의 대처· 복구방안이 마련되어야 합니다.

남극과 북극은 SAA보다 더 위험한 지역은 아니지만 지자기장이 대기와 교차함으로 인해 밴 앨런 벨트의 하전입자가 대기 깊숙이 침투합니다. 이로 인해 극궤도 위성은 다른 경사궤도 위성에 비해 밴 앨런 벨트의 방사선 노출에 취약하기 때문에 대책이 설계과정에 반영되어야 합니다.

3.3 궤도 요소

고교시절 물리학 수업에서 배운 케플러법칙(Kepler Laws)을 기억하십니까? “제1법칙, 모든 궤도의 궤적은 타원 형태를 가진다. 제2법칙, 궤도 운동으로 형성되는 면적속도(순간이동면적의 시간변화율)는 일정하다. 제3법칙, 공전주기의 제곱은 궤도장반경의 3제곱에 비례한다.”

위성궤도는 4가지 타입(type)을 가지는데, 원궤도(circle), 타원궤도(ellipse), 포물선궤도(parabola), 쌍곡선궤도(hyperbola)입니다. 원의 정의는 한 정점(focus)에서 거리가 일정한 점들의 집합이고, 타원의 정의는 두 정점에서 거리의 합이 일정한 점들의 집합입니다. 타원궤도는 타원의 중심에 지구가 있는 것이 아니라 두 정점 중 한 곳에 지구가 위치합니다. 이때 지구에서 가장 가까운 궤도상 위치를 근지점(perigee), 가장 먼 위치를 원지점(apogee)라 부릅니다.

케플러궤도 요소는 6개로 구성되는데, 이심률(eccentricity), 장반경(semi-major axis), 경사각(inclination), 승교점적경(right ascension of ascending node), 근지점편각(argument of perigee), 근지점이각(true anomaly)이 있습니다.

표 3.2 궤도 요소

Symbol	Description	Unit
e	이심률(eccentricity)	-
a	장반경(semi-major axis)	km
i	경사각(inclination)	deg
Ω	승교점적경(right ascension of ascending node)	deg
ω	근지점편각(argument of perigee)	deg
ν	근지점이각(true anomaly)	deg

이심률(e)은 편평도(oblateness)를 의미하며 궤도의 형태(shape)를 결정하는데, $e=0$이면 원궤도, $0<e<1$이면 타원궤도, $e=1$이면 포물선궤도, $e>1$이면 쌍곡선궤도의 형태를 가집니다.

장반경(a)은 근지점과 원지점 사이 거리를 절반으로 나눈 값에 해당하며 궤도의 크기(size)를 결정합니다.

경사각(i)은 적도면에서 궤도면(orbit plane)이 기울어진 각도를 의미하는데, 정지궤도는 0도이고 극궤도는 90도가 됩니다.

승교점적경(Ω)은 적도면상에서 춘분점부터 상승교점(ascending node)까지의 각도를 의미합니다. 여기서 상승교점은 궤도가 적도면을 남에서 북으로 교차하는 점으로 정의됩니다.

근지점편각(ω)은 궤도면상에서 상승교점부터 근지점까지의 각도를 의미합니다.

근지점이각(ν)은 궤도면상에서 근지점부터 위성위치까지의 각도를 의미합니다.

그림 3.7과 같이 이심률·장반경은 궤도의 '형태와 크기'를 결정하고, 경사각·승교점적경·근지점편각은 ECI좌표계에서 궤도면이 기울어진 '오일러(Euler) 각도'를 결정합니다.

궤도 요소를 이용하면 현재의 위성위치를 결정(determination)할 수 있으며, 미분방정식으로 표현된 모델식의 해를 구해 미래의 위치까지 예측(prediction)이 가능합니다. 위성궤도를 표현하는 다른 방법으로 위치·속도 벡터가 있는데, 궤도 요소와 상호 변환이 가능하여 사용 목적과 편의에 따라 선택적으로 사용됩니다.

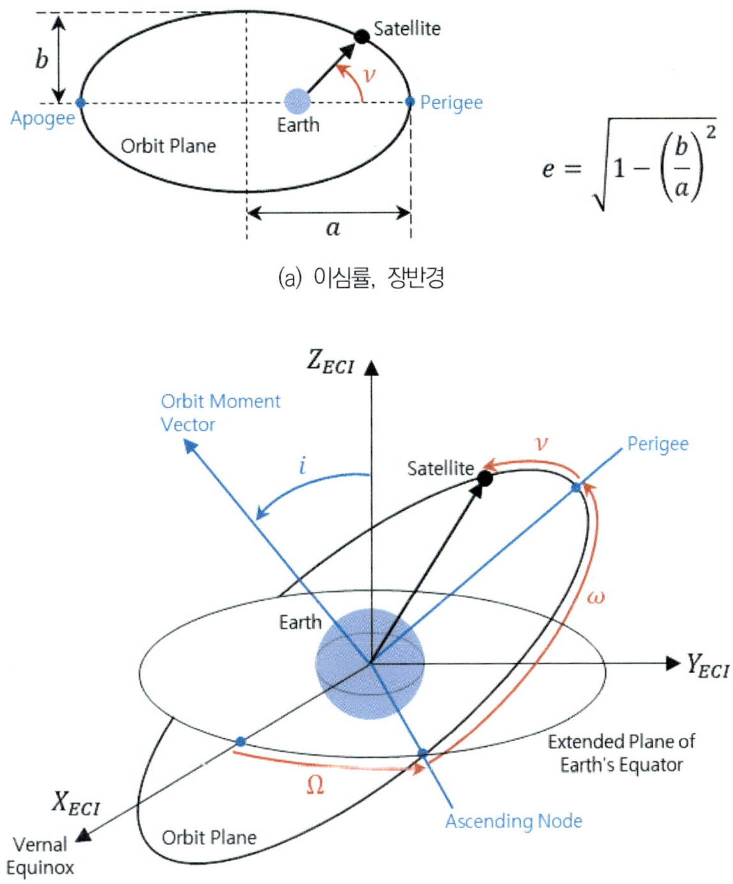

(a) 이심률, 장반경

(b) 경사각, 승교점적경, 근지점편각, 근지점이각

그림 3.7 궤도요소 도식화

3.4 태양동기궤도

태양동기궤도(SSO, Sun Synchronous Orbit)는 지구관측 저궤도위성에 사용되는 대표적인 궤도입니다. 지구는 완벽한 구(sphere)가 아니라 적도면이 볼록한 타원체 형태를 이루는데, 이로 인해 경사각이 90도가 아니면 J2 섭동(perturbation)에 의해 위성 궤도면이 북극을 중심으로 회전하는 세차운동(precession)이 발생합니다. 궤도면에서 태양을 바라보는 각도(theta)를 태양입사각(sun incidence angle)이라 부릅니다. 그림 3.8과 같이 태양동기궤도는 세차운동이 지구 공전주기와 동기(synchronization)된 상태로 궤도면이 1년에 한 바퀴 회전하도록 설계되어, 태양입사각을 일정하게 유지할 수 있습니다. 태양동기궤도의 이심률, 장반경, 경사각은 관계수식을 따라 결정되는데, 고도 500~800km의 태양동기궤도는 위성 궤도주기 90~100분, 경사각 97~99도를 가집니다.

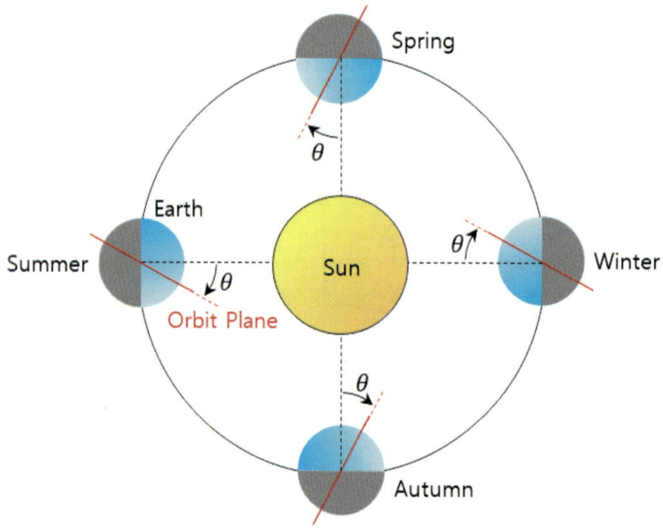

그림 3.8 태양동기궤도

태양동기궤도의 운영상 장점은 무엇일까요? 위성이 방문하는 지역의 시각을 평균지방시(mean local time)라고 부르는데, 태양동기궤도는 평균지방시를 일정하게 보장해 줍니다. 다시 말해 12시간 간격으로 하루 2번(남에서 북으로, 북에서 남으로) 해당 지역을 관통합니다. 광학위성은 목표물 판독에 일조량과 태양입사각이 중요한데, 태양동기궤도는 매일 동일한 시간대에 관심 영역에 대한 영상을 획득 가능합니다.

한반도의 남북 길이는 얼마나 될까요? 삼천리 금수강산에서 10리를 4km로 환산하면 삼천리는 1200km에 이릅니다. 그림 3.9와 같이 저궤도위성 속도를 7km/sec로 가정하면 한반도 상공을 지나가는 데 걸리는 시간은 2.5분에 불과합니다. 지구곡률을 고려할 때 위성과 교신 가능한 궤도상 거리는 지상국을 중심으로 직경 4000km, 교신시간은 10분 정도입니다.

현재 궤도상 운영 중인 다목적실용위성 2호/3호/5호는 고도 500~700km, 궤도주기 95~98분, 경사각 97~99도의 궤도 요소를 가져 모두 태양동기궤도 요건을 충족합니다. 다목적실용위성 5호는 평균지방시가 오전 6시로 설계되어 오전 6시에 적도를 지나 한반도를 남에서 북으로 관통합니다. 지상국과 최대 10분 동안 교신하고 그중에 2.5분 동안 한반도 목표물에 대한 레이더영상을 획득합니다. 다목적실용위성 5호가 한반도를 벗어난 후 12시간 뒤인 오후 6시에 다시 적도를 지나는데, 이번에는 한반도를 북에서 남으로 관통합니다.

오전·후 6시에 대전 항공우주연구원 지상국을 방문하면 재미있는 광경을 목격할 수 있습니다. 오전 6시 무렵 지상국 안테나가 다목적실용위성 5호와 교신을 위해 남쪽을 가리키며 대기합니다. 다목적실용위성 5호와 교신이 시작되면 지상국 안테나 방향이 남쪽에서 서서히 움직여 천정을 지나 북쪽까지 이동합니다. 이러한 지상국 안테나의 동작은 교신시간 10분 동안 수행됩니다. 이후 오후 6시 무렵 지상국 안테나가 다시 한번 동작하는데, 이번에는 북쪽에서 시작하여 서서히 남쪽으로 이동합니다. 이러한 지상국 안테나 동작은 매일 동일한 시간대에 반복적으로 일어납니다.

표 3.3 다목적실용위성 2호/3호/5호 태양동기궤도 특성

	다목적실용위성 2호	다목적실용위성 3호	다목적실용위성 5호
고도(h)	685km	685km	550km
경사각(e)	98.1deg	98.1deg	97.6deg
평균지방시	10:50am	1:30pm	6:00am
태양입사각(θ)	17.5deg	-22.5deg	90deg
궤도주기(T)	98minutes	98minutes	96minutes

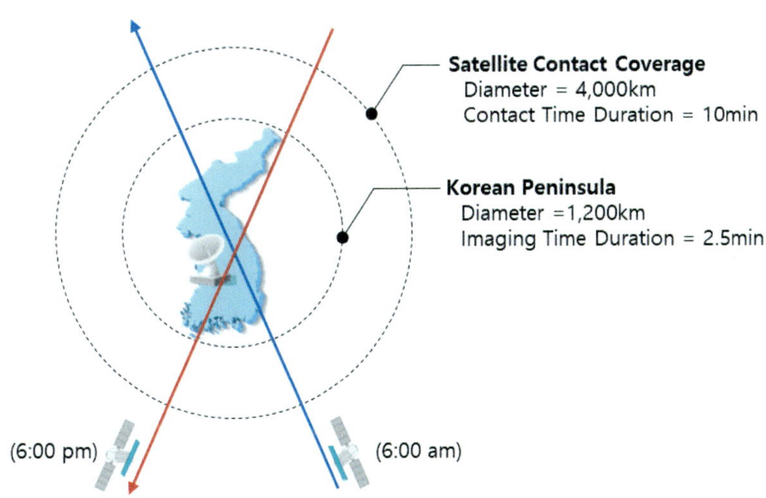

그림 3.9 다목적실용위성 5호 지상국 교신 스케줄

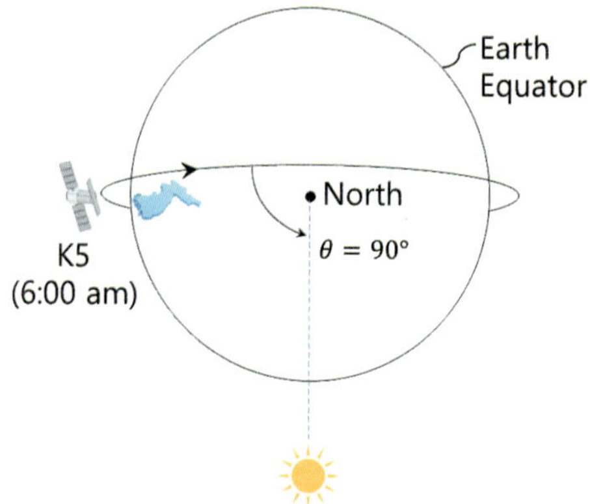

(a) 다목적실용위성 5호

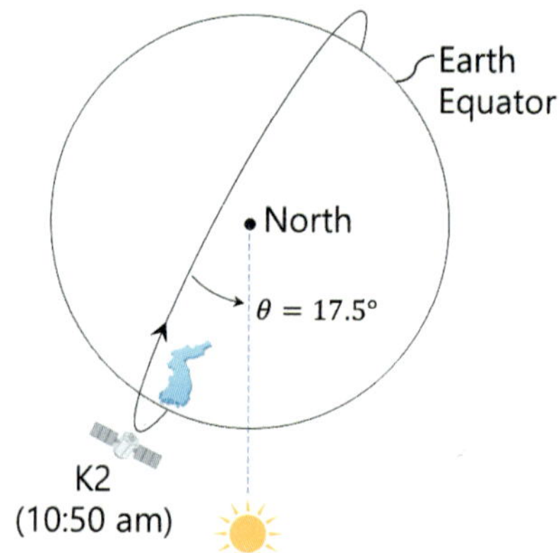

(b) 다목적실용위성 2호

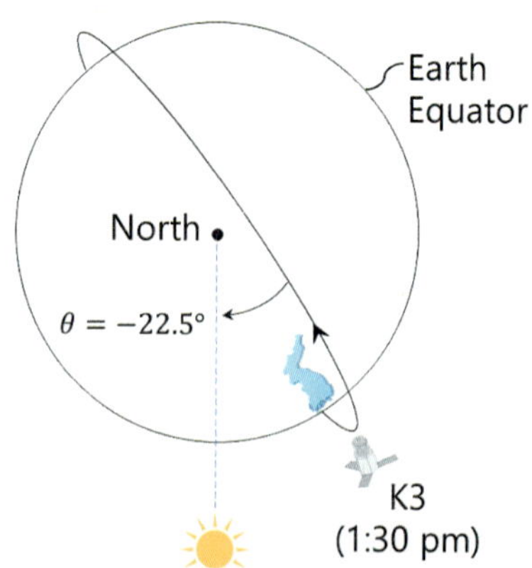

(c) 다목적실용위성 3호

그림 3.10 다목적실용위성 2호/3호/5호 평균지방시

만약 여러분이 유럽을 여행 중인데, 현지시각(지방시)이 오전 6시를 가리키고 있다고 가정해봅시다. 이때 다목적실용위성 5호는 지구상 어디 상공을 지나가고 있을까요? 정답은 유럽입니다. 다목적실용위성 5호는 바로 여러분 머리 위를 지나가고 있는데, 이것은 태양동기궤도에서 지구자전으로 나타나는 당연한 현상입니다.

핵심사항 요약

- **지구를 중심으로 궤도 운동을 하는 위성에 사용되는 대표적인 좌표계는 지구중심관성, 지구중심 지구고정, 지역수직지역수평, 위경도, 위성 좌표계 등이 있다.**

  The typical coordinate system used for the satellites orbiting around the earth includes ECI(Earth Centered Inertial), ECEF(Earth Centered Earth Fixed), LVLH(Local Vertical Local Horizontal), latitude longitude, and spacecraft body.

- **위성 궤도의 범주에는 저궤도, 중궤도, 정지궤도, 지구동기궤도, 고타원궤도 등이 있다.**

  The categories of satellite orbits include LEO(Low Earth Orbit), MEO(Medium Earth Orbit), GEO(Geostationary Orbit), GSO(Geosynchronous Orbit), and HEO(Highly Elliptical Orbit).

- **궤도 6요소는 이심률, 장반경, 경사각, 승교점적경, 근지점편각, 근지점이각으로 구성된다.**

  The six orbit elements consist of eccentricity, semi-major axis, inclination, right ascension of ascending node, argument of perigee, and true anomaly.

- **궤도면에서 동일한 태양광 각도를 보장하는 태양동기궤도는 위성이 매일 동일한 현지 시간에 동일한 지점을 통과한다.**

  In SSO(Sun Synchronous Orbit) that guarantees same sunlight angle in orbital plane, the satellite passes over same given spot daily at the same local hour.

제 4 장

시스템 운영

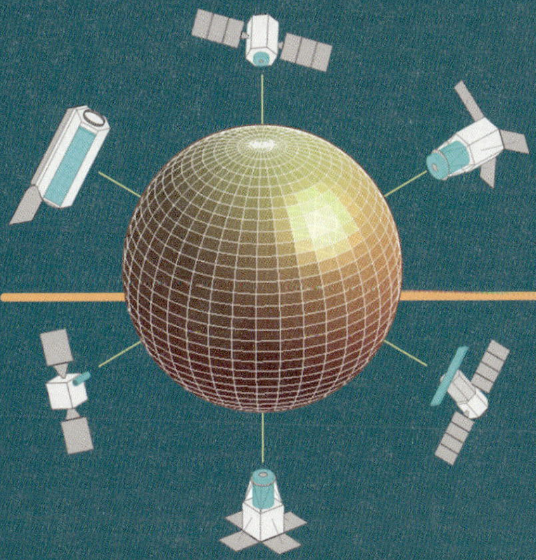

4.1 운영모드

4.2 자세결정과 자세제어

4.3 정밀도 성능지수

4.4 임무관제와 영상수신처리

4.1 운영모드

운영모드(operation mode)는 생명주기 동안 시스템이 가질 수 있는 상태(state)를 의미하는데, 다양한 상황(situation)과 조건(condition)에 따라 시스템을 안정적으로 유지·관리하고 임무를 성공적으로 수행하기 위해서 복수의 운영모드가 구현됩니다.

위성을 운영하는 데 사용되는 모드는 어떤 것이 있을까요? 대표적으로 발사모드, 안전모드, 대기모드, 임무모드, 궤도조정모드가 있습니다.

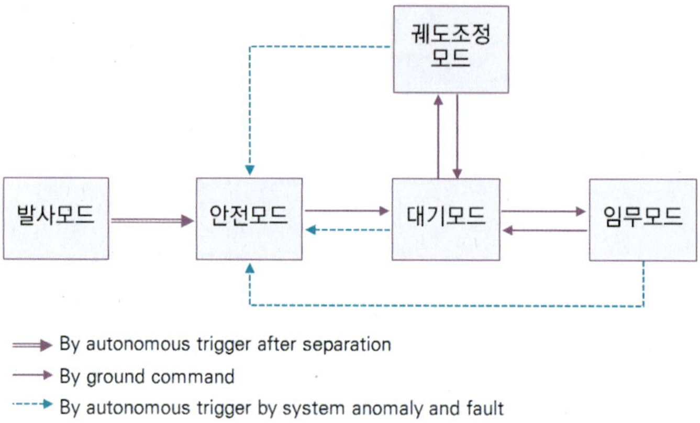

그림 4.1 시스템 운영모드 천이

발사모드(launch mode)는 위성발사 후 위성분리 전까지 운영되는 모드로 필수 전장품을 제외하고 대부분 전원이 공급되지 않는 상태입니다.

안전모드(safe hold mode)는 위성분리 후 제일 먼저 진입하는 모드로 탑재체 임무를 수행하지 않고 최소 전력으로 위성 본체만을 운영하는 모드입니다. 태양전지판을 태양 지향하여 전력을 확보, 통신장비를 작동하여 지상과 교신, 구성품을 적정 온도로 유지 등의 기능을 수행합니다. 위성이 궤도상 식(eclipse) 구간에 위치할 때 비록 전력 생산은 없지만 특별한 이유가 없는 한 태양지향 자세를 유지합니다.

대기모드(stand-by mode)는 임무 수행을 대비하여 탑재체에 전력을 공급하며 지상 명령을 대기하는 모드입니다. 식 구간에서 탑재체의 시선방향이 지구를 지향하도록 운영하는 사례가 있는데, 지구 복사열을 사용하여 탑재체 열제어에 도움을 주기 위함입니다.

임무모드(mission mode)는 지상명령에 따라 탑재체가 지상 목표물에 대한 임무를 수행하고 획득한 원시데이터를 지상국으로 전송하는 모드입니다. 임무 수행 후 다시 대기모드로 복귀하여 지상 명령을 기다립니다. 탑재체의 소모전력, 발열, 데이터 저장 공간 등 설계상 한계로 임무모드의 운영시간이 제한됩니다. 예를 들어 저궤도위성의 경우 광학카메라는 최대 영상획득 가능시간(duty cycle)이 궤도주기의 10%, 레이더안테나는 2% 이하인 사례가 많습니다.

궤도조정모드(orbit control mode)는 화학·전기추력기를 사용하여 위성의 궤도를 유지하거나 조정하는 기능을 수행하는 모드입니다. 위성의 임무수명 동안 공기 저항(air drag)으로 고도가 서서히 낮아지기 때문에 탑재체의 설계성능이 보장되는 임무고도를 유지하는 것이 중요합니다. 위성의 임무수명이 다할 경우 우주쓰레기(space debris) 방지를 위해 인위적인 궤도이탈(deorbiting)을 수행합니다.

임무 시나리오에 따라 대기모드, 임무모드, 궤도조정모드를 주기·비주기적으로 운용합니다. 운영 중 이상 현상(anomaly) 또는 고장(fault)이 발생하면 자동으로 안전모드로 진입하는데, 원인을 분석하고 문제를 해결한 후 다시 대기모드로 복귀합니다. 이것은 마치 마이크로소프트 윈도우즈(Microsoft Windows) 운영체계에서 문제 발생 시

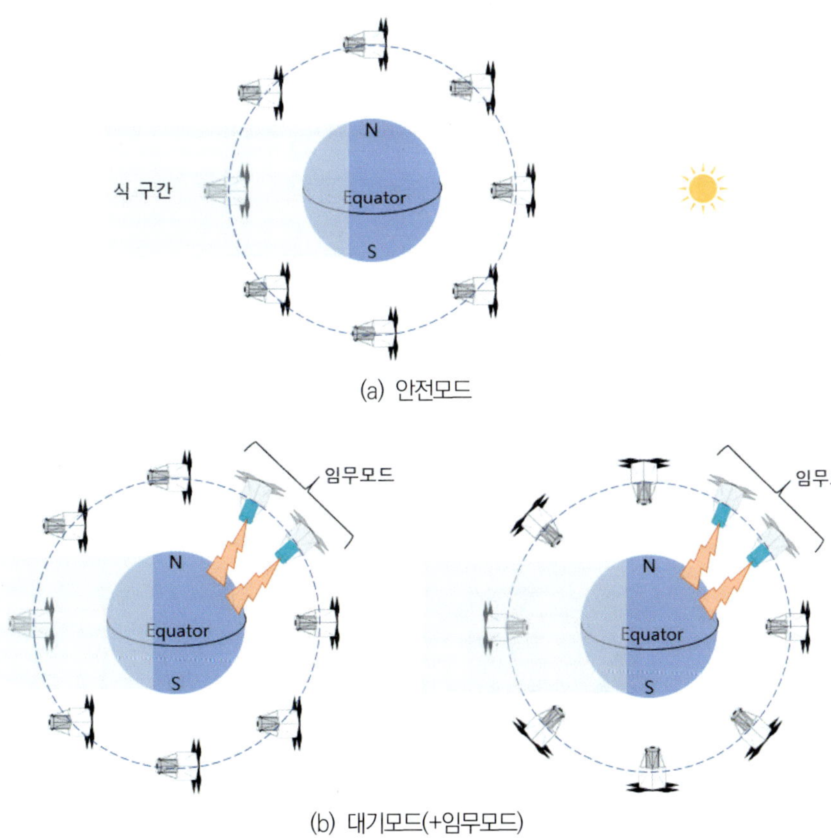

그림 4.2 시스템 운영모드 예

파일과 드라이버가 최소로 로딩(loading)된 기본상태(안전모드)로 진입하여 오류를 수정 후 정상으로 복구하는 것과 유사합니다.

표 4.1 시스템 운영모드

Mode	Description
Launch (발사모드)	- 위성발사 후 위성분리 전까지 운영되는 모드 - 전력을 보존하기 위해 위성 필수 전장품만 동작 - 태양전지판, 안테나 등의 구조물은 손상 방지를 위해 비전개 상태 유지
Safe Hold (안전모드)	- 고장 또는 오작동 상황이 발생할 경우 자동 진입하여 문제가 해결될 때까지 운영되는 모드 - 전력, 열제어, 자세제어, 통신 측면에서 시스템 안전성을 유지하며 위성을 보호 - 탑재체 운영을 종료하고 비필수 전장품 전력 사용을 최소화
Stand-by (대기모드)	- 탑재체 임무를 수행하기 전 지상명령을 대기하는 모드 - 위성 본체는 정상동작 상태를 유지하고 탑재체는 대기상태를 유지
Mission (임무모드)	- 탑재체 임무를 수행하고 획득한 원시데이터를 지상국으로 전송하는 모드 - 위성 본체 및 탑재체는 모두 정상동작 상태를 유지
Orbit Control (궤도조정모드)	- 추력기를 사용하여 위성 궤도를 유지, 조정하는 모드 - 위성 본체는 정상동작 상태를 유지하고 탑재체는 대기상태를 유지

4.2 자세결정과 자세제어

위성이 임무고도를 유지하고 탑재체가 지상 목표물을 정밀 지향하기 위해 위성 자세결정과 자세제어가 중요합니다.

자세결정(attitude determination)은 궤도상에서 위성의 자세(attitude)를 추정(estimation)하는 기능으로, 탑재컴퓨터와 센서를 이용해 기준좌표계 대비 현재 위성의 자세 방향(orientation)을 계산합니다. 그림 4.3과 같이 위성탑재 자세결정 알고리즘

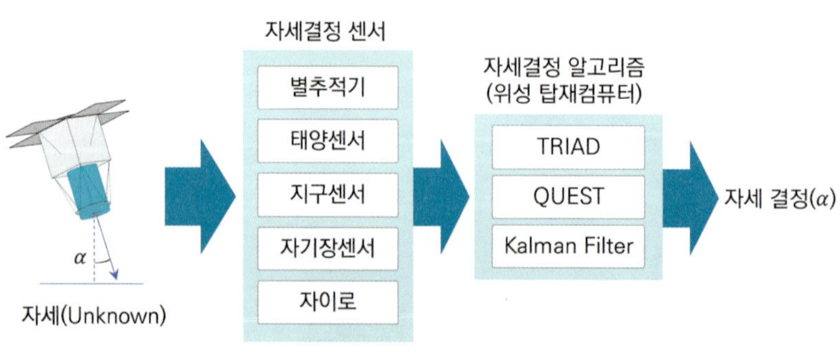

그림 4.3 위성 자세결정

으로 TRIAD(TRI-axis Attitude Determination), QUEST(QUaternion ESTimator), Kalman Filter 등이 있고, 자세 관측을 위한 센서로 별추적기, 태양센서, 지구센서, 자기장센서, 자이로 등이 있습니다.

자세제어(attitude control)는 궤도상에서 위성의 자세를 안정적으로 유지(maintain)하거나 원하는 방향으로 기동(maneuver)하는 기능으로, 탑재컴퓨터와 액추에이터를 이용해 기준좌표계 대비 위성 자세를 원하는 방향으로 제어합니다. 그림 4.4와 같이 위성탑재 자세제어 알고리즘으로 PID(Proportional-Integral-Derivative) Controller, Lead/Lag Filter, Cauer Filter, B-dot(derivative of magnetic field) Controller 등이 있고, 자세 구동을 위한 액추에이터로 반작용휠, 제어모멘트자이로, 자장토커, 추력기 등이 있습니다.

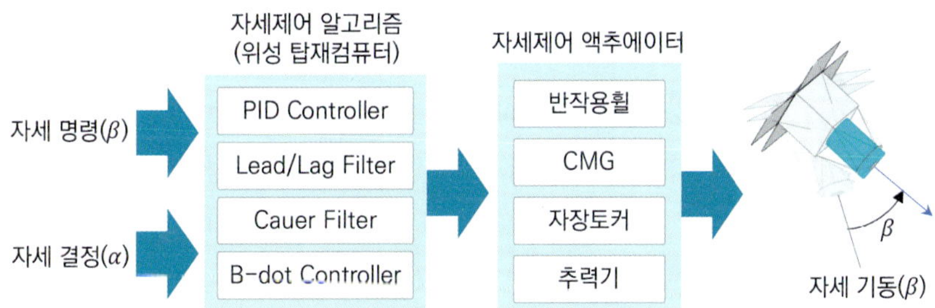

그림 4.4 위성 자세제어

4.2.1 자세결정 센서

별추적기(star tracker)는 ECI좌표계 기준 자세정보를 제공하는 가장 정밀한 센서로 광학계를 이용하여 지상 목표물이 아닌 천구상 별분포 영상을 획득합니다. 별추적기는 천구상 고르게 분포된 2,000여 개 별분포(star constellation)의 위치정보 데이터베이스(star catalog)를 내장하고 있습니다. 별분포 영상을 획득한 후 데이터베이스와 비교하여 일치하는 별들의 방위·고도각 정보를 추출한 후 자세정보로 변환합니다. 이것은 마치 비슷한 내용이 인쇄된 두 장의 투명지(transparent paper)를 겹친 후 전등에 비추어 얼마나 일치하는지 비교하는 것과 유사합니다. 제조사에 따라 별추적기의 광학계만 제공하는 사례도 있는데, 이 경우 별분포 데이터베이스와 자세정보 연산모듈을 위성 본체 탑재컴퓨터에 탑재해야 합니다.

태양센서(sun sensor)는 태양입사각 또는 광량(radiation intensity)을 측정하는 센서입니다. 태양센서는 솔라셀(solar cell) 유닛을 장착하여 태양빛이 입사되는 각도에 따라 차등한 전류를 발생시킵니다. 위성 구조물에 서로 다른 위치와 방향에 장착된 여러 개의 태양센서에서 측정된 전류를 수학식으로 조합하여 태양 기준 위성의 상대적 방위·고도각을 계산합니다.

지구센서(earth sensor)는 지구 이산화탄소(CO_2)를 감지하여 지구 기준 자세정보를 제공하는 센서입니다. 지구 표면은 CO_2층을 형성하고 있는데, 지구센서에 장착된 적외선셀(IR cell) 유닛이 모터에 의해서 회전하면서 지구 CO_2층을 감지합니다. 적외선셀이 CO_2층을 관통할 때 생기는 적외선 변화량을 측정하고 위상정보를 환산하여 지구에 대한 위성의 상대적 방위·고도각을 계산합니다.

자기장센서(magnetometer)는 궤도상 지자기장(geomagnetic field)을 측정하는 센서입니다. 지구 내부에 자성물질이 존재하여 자기 북, 남극은 각각 S, N극으로 모델링되는데, 자기장센서에 의해 측정된 지자기장은 위성의 위치와 자세에 따라 달라집니다. 자기장센서에서 측정된 데이터와 국제기준지자기장(IGRF, International Geomagnetic Reference Field) 모델을 비교하여 자세결정 알고리즘의 입력으로 사용합니다.

자이로(gyro)는 회전 방향과 각속도(rate 또는 angular velocity)를 측정하는 센서입니다. 앞에서 설명한 별추적기, 태양센서, 지구센서는 모두 위성의 자세 각도(angle)를 측정하는 데 반해 자이로는 위성의 각속도를 제공하는 센서입니다. 적용하는 원리에 따라 동적튜닝자이로(DTG, Dynamically Tuned Gyro), 광섬유자이로(FOG, Fiber Optic Gyro), 링레이저자이로(RLG, Ring Laser Gyro), 반구형공진자이로(HRG, Hemisphere Resonance Gyro), 미세전자기계시스템(MEMS, Micro Electro Mechanical Systems) 자이로 등이 있습니다. 자이로가 제공하는 각속도를 적분하면 자세 각도 정보를 얻을 수 있는데, 초기치 오차에 의해 적분오차가 시간에 따라 증가하는 문제가 발생합니다. 이를 해결하기 위해 자이로뿐 아니라 별추적기, 태양센서, 지구센서, 자기장센서 등을 함께 사용하는 것이 일반적입니다. 획득한 센서 데이터에 최소제곱필터(least square filter), 칼만필터(Kalman Filter) 등 수학적 필터링 알고리즘을 적용하여 적분오차(model uncertainty)와 관측오차(measurement uncertainty)를 동시에 보상합니다.

4.2.2 자세제어 액추에이터

반작용휠(reaction wheel)은 작용·반작용 원리(reaction principle)을 이용하여 회전운동을 위한 토크(torque)를 발생하는 액추에이터입니다. 반작용휠은 모터와 모터축에 장착된 디스크(disk) 형태의 플라이휠(flywheel)로 구성되는데, 플라이휠 속도에 따라 모멘텀(momentum)이 발생합니다. 플라이휠 속도 가변에 따른 모멘텀의 변화는 위성을 회전시킬 수 있는 토크를 생성하는데, 각운동량보존 법칙(law of conservation of angular momentum)에 의해 플라이휠에서 발생된 토크와 반대방향으로 위성이 회전하게 됩니다. 이것은 마치 회전의자에 앉은 상태에서 우리 몸의 상체를 시계방향으로 돌리면 하체가 반시계방향으로 돌아가는 원리와 동일합니다.

제어모멘트자이로(CMG, Control Moment Gyro)는 자이로스코프 원리(gyroscopic principle)을 이용하여 반작용휠에 비해 큰 토크를 발생하는 액추에이터입니다. 제어모멘트자이로의 구성은 반작용휠에 플라이휠 회전축을 조정(tilting) 가능한 짐벌모터(gimbal motor)가 추가되어 있는 형태입니다. 플라이휠 구동에 의해 모멘텀이 생성된 조건에서 짐벌모터를 구동하면, 플라이휠 회전축과 짐벌모터 회전축에 동시에 수직인 제3의 축에 토크가 발생합니다. 이때 발생하는 토크는 플라이휠 모멘텀과 짐벌모터 속도의 곱에 해당하는데, 이러한 이유로 제어모멘트자이로를 토크증폭기(torque amplifier)라고 부릅니다.

자장토커(magnetic torquer)는 전자석 원리(electromagnet principle)를 이용하여 토크를 발생하는 가장 간단한 액추에이터입니다. 기본 구성은 전자석과 동일한데, 고투자율(high permeability)을 가지는 코어(core)에 코일(coil)이 감겨 있는 형태입니다. 코일에 전류가 흐르면 자기모멘트(magnetic moment)가 생성되는데, 궤도상 지자기장과 결합하여 회전력을 발생시킵니다.

추력기(thruster)는 작용·반작용 원리를 이용하여 추진력(thrusting force)을 발생하는 액추에이터입니다. 화학·전기 반응을 이용하여 추진력이 발생되는데, 여러 대의 추력기를 선택적으로 구동하여 자세회전뿐 아니라 궤도조정을 위한 위치이동까지 가능합니다.

4.3 정밀도 성능지수

위성영상의 정확도에 영향을 주는 대표적인 시스템 성능지표인 지향정밀도, 공간위치정확도, 포착범위정확도에 대해 알아보겠습니다.

정확도(accuracy)는 측정된 값이 실제값과 얼미큼 이격이 있는지를 나타내는 기준이며, 정밀도(precision)는 여러 번 측정했을 때 평균값과 얼만큼 이격이 있는지를 나타내는 기준입니다. 위성 발사 후 궤도상 보정(in-orbit calibration)을 통해 오차 평균값을 보상하면 정밀도와 정확도가 수치적으로 동일하게 됩니다. 이러한 이유로 정밀도와 정확도를 혼용하여 사용하는 사례가 많습니다.

4.3.1 지향정밀도

지향정밀도(pointing accuracy)를 이해하기 위해 그림 4.5를 살펴보겠습니다. 그림에서 3가지 벡터를 도시하고 있는데, Target벡터는 지상 목표물을 촬영하기 위해 탑재체가 지향해야 하는 목표방향, True벡터는 탑재체가 현재 지향하고 있는 실제방향(하지만 실제로 정확히 알 수 없는 방향), Estimate벡터는 자세결정을 통해 추정된 탑재체의 지향방향입니다. 정리하면 실제 탑재체 시선방향은 True벡터를 가리키지만 탑재컴퓨터는 탑재체가 Estimate벡터를 가리키고 있다고 인식합니다.

Target벡터와 Estimate벡터의 차이를 제어오차(control error)로 정의하는데, 자세제어 알고리즘과 액추에이터의 성능에 의해서 좌우됩니다. Estimate벡터와 True벡터의 차이를 지향인식오차(knowledge error)로 정의하는데, 자세결정 알고리즘과 센서의 성능에 의해서 좌우됩니다. 최종적으로 Target벡터와 True벡터의 차이를 지향정밀도(p)로 정의하는데, 제어오차(c)와 지향인식오차(k)의 합으로 결정됩니다.

True벡터가 고정되지 않고 떨리는 정도를 안정도(stability)라고 부르는데, 저주파 표류(low frequency drift)와 고주파 지터(high frequency jitter)로 구분됩니다. 표류 안정도(drift stability)는 제어대역폭(control bandwidth), 액추에이터 응답속도(response time), 태양전지판 구조진동, 안테나붐(antenna boom) 구조진동 등에 영향을 받습니다. 지터 안정도(jitter stability)는 반작용휠, 기계식냉각기, 태양전지판 구동모터, 안테나 구동모터 등의 진동원(vibration source)에 의해 발생합니다.

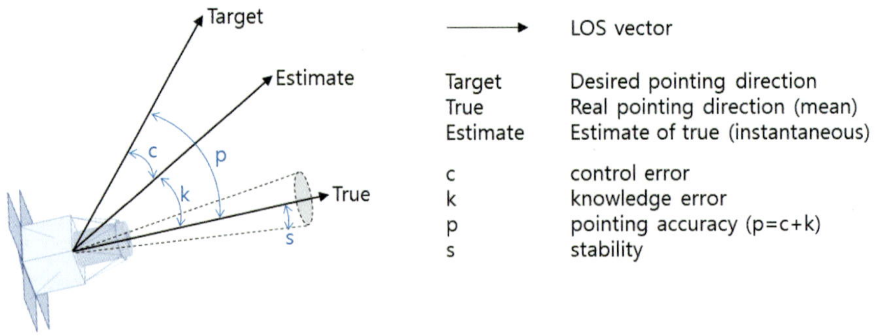

그림 4.5 지향정밀도

4.3.2 공간위치정확도

공간위치정확도(geolocation accuracy)를 이해하기 위해 그림 4.6을 살펴보겠습니다. 위성을 이용하여 지상의 특정 목표물을 촬영한다고 가정해보겠습니다. 이때 위성에 탑재된 GPS수신기로 획득된 항법데이터를 이용하여 위성영상의 각 픽셀에 위치정보를 코딩(coding)하는 것이 가능합니다. 이 경우 위성영상 속 목표물의 위치는 순수하게 위성 기반으로 인식된 정보로 간주됩니다. 한편 실제 목표물을 방문, 측량장비를 이용하여 정밀한 위치정보를 얻을 수 있습니다. 공간위치정확도는 위성영상에서 획득한 목표물의 위치(A)와 실제 측량을 통해 획득한 위치(A')의 차이로 정의됩니다.

공간위치정확도는 지도의 성능을 결정하는 중요한 요소입니다. 예를 들어 네이버(Naver), 다음(Daum), 구글(Google) 등 인터넷 사이트에서 제공하는 지도(map) 정보는 실제 측량정보와 차이가 있는데, 바로 지도 제작에 사용된 항공·위성영상의 공간위치정확도 성능 때문입니다. 공간위치정확도의 성능을 결정하는 주요 요인은 지향인식오차(k)와 궤도결정오차(orbit determination error)입니다. 참고로 레이더위성의 경우 지향인식오차는 공간위치정확도에 영향을 주지 않습니다.

(a) 위성영상 기반 위치정보　　(b) 측량 기반 위치정보

그림 4.6 공간위치정확도($=|A-A'|$)[8]

4.3.3 포착범위정확도

포착범위정확도(coverage accuracy)는 목표물 영상의 유효영역(coverage)과 관련이 있는데, 그림 4.7과 같이 촬영을 희망한 영역(B)과 실제 촬영한 영역(B')의 차이로 정의됩니다. 포착범위정확도의 성능을 결정하는 주요 요인은 지향정밀도(p)와 궤도예측오차(orbit prediction error)입니다.

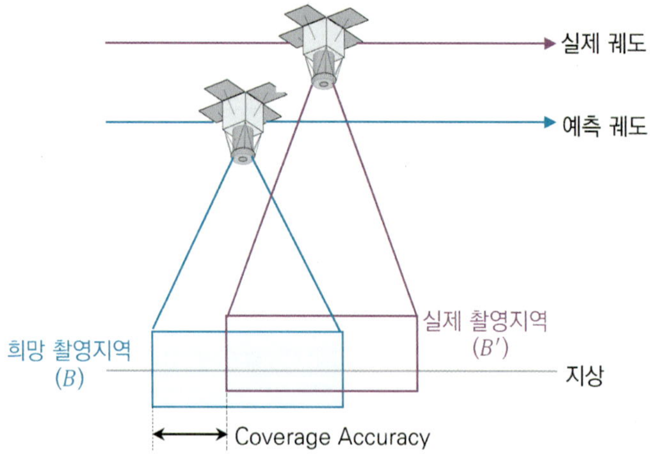

그림 4.7 포착범위정확도

4.4 임무관제와 영상수신처리

그림 4.8과 같이 위성을 운영하기 위한 지상국은 임무관제 요소(mission control element)와 영상수신처리 요소(image reception & processing element)로 구성됩니다.

임무관제 요소는 위성을 관제하기 위해 현재의 궤도를 결정(determination)하고, 촬영 임무를 계획하기 위해 미래의 궤도를 예측(prediction)합니다. 교신안테나를 운영하여 위성이 지상국 상공을 지나가는 동안 교신을 통해 위성 상태정보를 수신하고 촬영명령을 전송합니다.

위성의 궤도를 계산하는 것을 궤도결정(orbit determination)이라고 하는데, 어떤 방법이 있을까요?

첫 번째는 지상국 교신안테나를 이용하는 방법입니다. 지상국 S대역 안테나는 방위·고도각 조정이 가능한 모터짐벌 장치를 장착하여 위성과 교신하는 동안 위성을 지향하면서 지속적으로 기동합니다. 위성 교신 종료 후 안테나 모터 구동프로파일 데이터를 batch filter(least square)기법에 적용하여 위성의 궤도 요소를 얻을 수 있는데, 이 경우 궤도오차가 1km 내외입니다.

두 번째는 위성체에 탑재된 GPS수신기에서 획득된 위치·속도 정보를 활용하는 방법입니다. GPS데이터를 그대로 사용하면 궤도오차가 수m이지만 다양한 필터링(filtering)기법과 후처리(post-processing)기법을 적용하면 수십cm급의 오차를 얻을 수 있습니다.

세 번째는 위성레이저추적(SLR, Satellite Laser Ranging)을 이용하는 방법입니다. 지상에서 위성을 향해 발사한 극초단파 레이저빔(laser beam)이 위성에 장착된 레이저반사경(laser mirror)에 반사되어 되돌아오는 비행시간을 측정하여 궤도 요소를 계산합니다. 이 경우는 궤도오차가 수 mm에 이릅니다.

지상국에서 위성궤도를 예측(orbit prediction)하는 것은 매우 중요합니다. 촬영계획을 수립하기 위해서는 미래의 위성 위치와 시간을 정확하게 예측해야 하는데, 마치 정류장에서 버스 도착시간을 예측하여 미리 알려주는 것과 유사합니다. 위성궤도를 예측하기 위해 섭동모델(perturbation model)을 고려한 정밀 궤도전파기(orbit propagator)가 사용됩니다. 궤도 섭동모델은 궤도전파기의 정밀도를 결정하는 중요한 요인인데, 주로 사용되는 섭동모델로 지구중력장(geopotential), 대기항력(air drag), 태양복사압(solar radiation) 등이 있습니다. 지상국의 궤도예측 오차는 하루가 지나면 수백 m, 이틀이 지나면 수 km까지 증가합니다.

영상수신처리 요소는 사용자에게서 영상획득 요청을 접수하고 위성궤도 예측 정보를 이용하여 촬영임무 계획을 수립합니다. 수신안테나를 운영하여 위성으로부터 수신된 영상데이터를 처리하고 보정을 통해 최종 영상제품을 사용자에게 제공합니다.

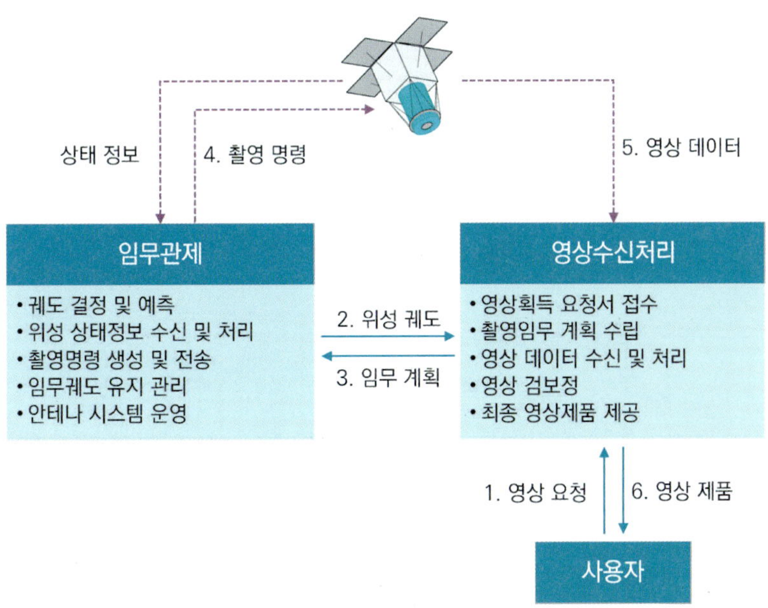

그림 4.8 지상국 시스템 운영

표 4.2 지상국 궤도결정 방법

궤도결정 방법	궤도 오차(예)
S-대역 안테나를 통한 추적 및 거리측정	< 1km
온보드 GPS수신기 항법해	< 10m
궤도모델과 GPS수신기 항법해를 이용한 batch filter	< 5m
궤도모델, 단일주파수(single frequency) GPS 항법해, IGS 원시데이터를 이용한 batch filter	< 1m
궤도모델, 이중주파수(dual frequency) GPS 항법해, IGS 원시데이터를 이용한 batch filter	< 20cm
위성레이저추적	< 1mm

*IGS(International GNSS Service)

핵심사항 요약

- **대표적인 시스템 운영모드에는 발사모드, 안전모드, 대기모드, 임무모드, 궤도조정모드 등이 있다.**
  The typical system operation modes include launch mode, safe hold mode, stand-by mode, mission mode, and orbit control mode.

- **위성은 지상 목표물을 안정적으로 지향하기 위해 자세결정과 자세제어 기능을 가진다.**
  The satellite has attitude determination and attitude control functions to stably aim at ground targets.

- **위성 자세결정을 위한 센서는 별추적기, 태양센서, 지구센서, 자기장센서, 자이로 등이 있다.**
  The sensors for determining spacecraft attitude include star tracker, sun sensor, earth sensor, magnetometer, and gyro.

- **위성 자세제어를 위한 액추에이터는 반작용휠, 제어모멘트자이로, 자장토커, 추력기 등이 있다.**
  The actuators for controlling spacecraft attitude include reaction wheel, CMG (Control Moment Gyro), magnetic torquer, and thruster.

- **위성영상의 정확도에 영향을 주는 대표적인 시스템 성능지표에는 지향정밀도, 공간위치정확도, 포착범위정확도 등이 있다.**
  The typical system performance measures that affect the accuracy of satellite images include pointing accuracy, geolocation accuracy, and coverage accuracy.

- **위성을 운영하기 위한 지상국은 임무관제 요소와 영상수신처리 요소로 구성된다.**
  The ground station for operating the satellite consists of mission control element and image reception and processing element.

- **지상국은 영상획득 임무를 계획하고 수신데이터 처리하기 위해 궤도예측과 궤도결정 기능을 가진다.**
  The ground station has orbit prediction and orbit determination functions to plan image acquisition missions and process received data.

제 5 장

시스템 엔지니어링

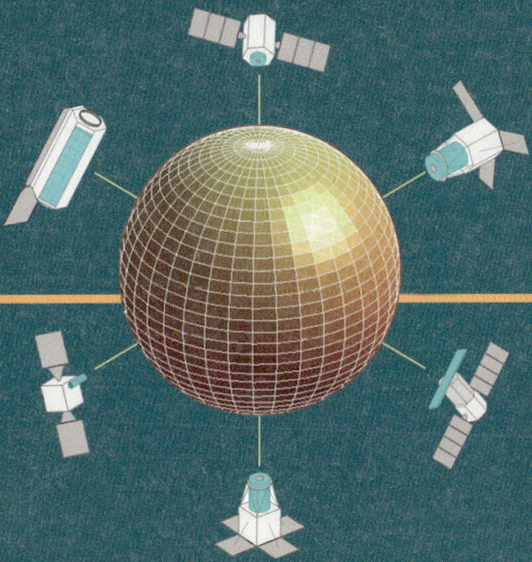

5.1 시스템 엔지니어링의 시작
5.2 시스템 엔지니어링 필요성
5.3 시스템 상변화 과정
5.4 프로젝트 생명주기
5.5 시스템 엔지니어링 조직

5.1 시스템 엔지니어링의 시작

이집트 피라미드는 기원전 2500년경 만들어진 것으로 알려져 있는데, 얼마나 먼 과거일까요? 공자, 석가모니, 소크라테스, 조로아스터 등 선지자들이 활동했던 시기가 기원전 400~500년입니다. 모세가 이스라엘 백성과 함께 이집트를 탈출하기 위해 홍해를 건넜던 시기가 기원전 1500년경입니다. 피라미드를 건설한 시기는 출애굽(Exodus)보다 1000년 앞서 있습니다.

역사학자들은 피라미드를 건설하는 데 15년 동안 10만 명의 인력이 동원된 것으로 추정합니다. 절대자인 파라오는 경험 많고 연륜 있는 개발책임자(project manager)에게 피라미드 건설을 지시했을 것입니다. 장기간 수행되는 국가적 최대규모 프로젝트에 개발책임자 한 사람이 모든 것을 계획, 지휘, 관리하는데 어려움이 없었을까요? 당시 사람들의 평균 수명을 감안하면 개발책임자는 피라미드를 완성하기 전에 생을 마감했을 가능성이 높습니다. 본인 사후에도 프로젝트를 성공시킬 방법을 고민해야 합니다. 파라오의 요구조건을 정리하고, 개발계획을 세우고, 인력동원 방안을 수립하고, 일정과 예산을 산출하고, 위험요소를 관리하여 프로젝트가 성공하기 위한 엔지니어링 체계를 수립하지 않았을까요? 그리고 프로젝트를 수행하기 어려운 여건에서도 이러한 체계에 기반하여 주어진 임무를 끝까지 달성하지 않았을까요? 최근 밝혀진 바로는 건설에 동원된 인부들이 노예가 아니라 상당수가 급여를 받고 노동하며 필요시 출산휴가까지 사용 가능한 근로자였습니다. 다시 말해서 상당수가 건설, 토목 분야 전문 엔지니어였던 것입니다.

그림 5.1 이집트 피라미드 프로젝트[9]

소설 《초한지》에 젊은 시절 유방(劉邦, 256~195 BC)이 노역에 동원되는 대목이 있는데, 바로 진시황제의 명령으로 축성 중이었던 만리장성의 건설 현장입니다. 만리장성은 기원전 700년에 토목 공사를 시작하여 명나라 16세기에 완성되었는데, 2000년 동안 수백만 명의 인력이 동원된 것으로 알려져 있습니다. 만리장성 프로젝트 역시 피라미드처럼 시스템 엔지니어링 기법이 적용되었을 것으로 충분히 짐작 가능합니다.

그림 5.2 진나라 만리장성 프로젝트[10]

허블 우주망원경(HST, Hubble Space Telescope)의 뒤를 잇는 제임스웹 우주망원경(JWST, James Webb Space Telescope)은 2021년 발사되었는데, 총 개발기간이 25년에 이릅니다. JWST 프로젝트는 이집트 피라미드 프로젝트에 비해서 10년이 더 걸렸는데, 막중한 과업을 성공하기 위해 과연 어떠한 엔지니어링 기법이 적용되었는지 더욱 궁금해지지 않습니까?

현대 시스템 엔지니어링은 국방분야에서 처음 시작했는데, 1940년 미국 국방부는 나이키 미사일 프로젝트(Project Nike) 수행을 위해 시스템 엔지니어링 기법을 처음으로 체계화했습니다. 우주분야에서 시스템 엔지니어링이 처음 적용된 프로젝트는 1960년 NASA의 아폴로 프로그램(Apollo Program)인데, 달에서 흙 표본을 지구로 가져오는 것이 주요 임무였습니다. 나이키는 그리스 로마 신화에 나오는 승리의 여신으로 파리 루브르박물관, 아폴로는 지혜의 신으로 로마 바티칸미술관에서 조각상을 볼 수 있습니다.

그림 5.3 미국방부 나이키 프로젝트[11]

그림 5.4 NASA 아폴로 프로그램[12]

5.2 시스템 엔지니어링 필요성

우주산업은 민간 주도의 뉴 스페이스(new space)시대가 도래했지만 기존 정부 주도의 올드 스페이스(old space)의 역할과 수요가 여전히 존재합니다. 심지어 올드 스페이스 기술은 뉴 스페이스 기술과 상호 보완적인 관계를 유지하며 점차 고도화되어 가고 있습니다. 현재는 올드 스페이스와 뉴 스페이스가 공존하는 과도기 시기로 간주되기도 합니다.

시스템이 고도화될수록 어떤 문제가 발생할까요? 시스템이 복잡해져 요구조건을 명확하게 정의하기 어렵게 됩니다. 기존 기술의 성능 한계로 새로운 기술이 요구되어 시스템 개발에 기술적 위험성이 증대됩니다. 사용자(user)와 이해당사자(stakeholder)가 늘어나 이해관계가 복잡해집니다. 참여하는 사람, 팀, 조직의 수가 증가하여 엔지니어링 관리 부담이 증가됩니다. 시스템 개발에 참여하는 업체 수의 증가는 파업, 도산, 폐업 등 잠재된 위험요소로 작용합니다.

시스템을 개발하는 프로젝트가 실패하는 요인은 무엇일까요? 사업예산 부족, 소요비용 예측의 현실성 부족, 개발일정 부족, 핵심기술에 대한 연구개발(R&D) 투자 부족, 시스템설계 오류, 빈번한 설계변경, 시험검증의 무리한 축소, 이해당사자의 과다한 개입, 참여업체의 경험부족, 위기 예측 및 관리 부족 등이 있습니다.

개발자(developer)는 프로젝트 수행을 통해 제시된 목표와 요구를 충족하는 최종

결과물을 요구자(customer)에게 제공합니다. 이를 위해 시스템 엔지니어링은 세 가지 자원(3P)을 관리하는데, 인력(People), 프로세스(Processes), 제품(Products)이 그것입니다. 인력은 엔지니어링의 주체인 엔지니어, 프로세스는 개발에 적용되는 설계·구현·시험과정, 제품은 개발과정에서 생산되는 중간·최종결과물을 의미합니다. 개발자는 시스템 엔지니어링 기법에 따라 3P를 효율적으로 관리하여 최종 시스템을 완성합니다.

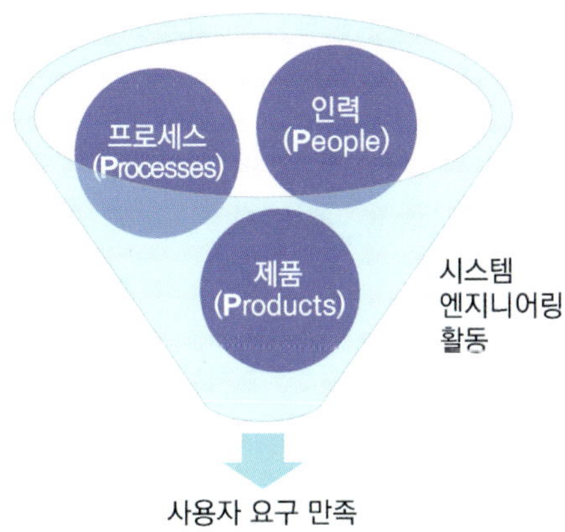

그림 5.5 시스템 엔지니어링 자원(3P)

5.3 시스템 상변화 과정

물리학자 출신 작가 사피바칼(Safi Bahcall)의 베스트셀러 《룬샷(Loonshot)》[13]을 아십니까? 달에 사람을 처음 보낸 아폴로 프로그램을 문샷(Moonshot)이라고 부르는데, 룬샷은 문샷에 착안하여 반대되는 개념으로 지은 제목입니다. "혁신적인지만 터무니없는 듯 보이는 아이디어"가 룬샷의 예라고 저자는 말합니다. 세상의 도전적인 기업들은 성공을 위해 혁신을 감행하지만 여전히 많은 기업들이 실패하고 있는데, 저자는 진정한 혁신을 위해서는 상변화(phase change)가 필요하다고 강조합니다.

그림 5.6과 같이 물(H_2O)은 상변화에 의해서 성분은 불변이지만 고체, 액체, 기체의 다른 상태(state)를 가질 수 있습니다. 그림 5.7과 같이 시스템을 개발하는 과정도 이와 비슷하게 상변화가 일어나는데, 이때 상변화의 상태요소가 바로 요구조건, 설계기준, 제품입니다.

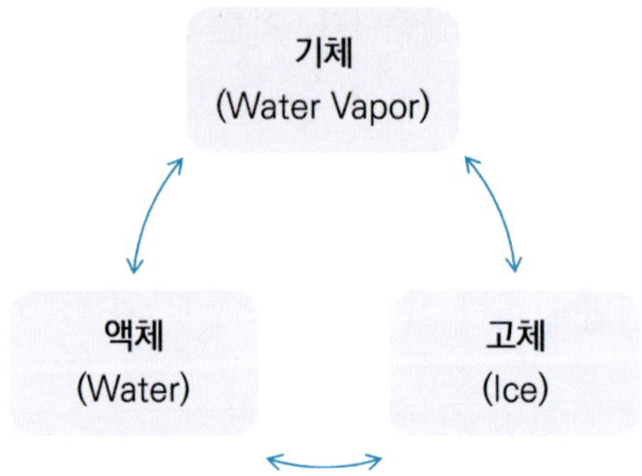

그림 5.6 물(H_2O) 상변화

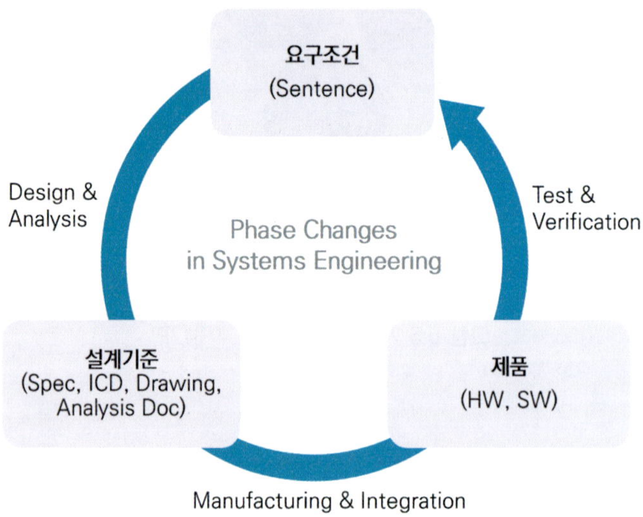

그림 5.7 시스템 엔지니어링 상변화

5.3.1 요구조건

요구조건(requirements)은 '문장(sentence)'의 형태를 가집니다. 사용자는 개발자에게 시간과 돈을 부여하고 개발자는 사용자요구를 충족하는 제품을 사용자에게 제공합니다. 사용자는 정부, 기업, 공무원, 연구원, 교수 등이 될 수 있는데, 개발자 영역의 엔지니어링에 익숙하지 않을 수 있고 기술적으로 유연하지 않을 수 있습니다. 그럼에도 불구하고 개발자는 대화를 통해 사용자가 원하는 바를 정확히 파악하여 문장으로 기술해야 합니다. 요구조건을 최종화(freeze)된 형태로 기술하는 것이 중요한데, 만약 그러지 않으면 프로젝트 기간 동안 지속적인 설계변경, 추가시험으로 프로젝트 수행에 위험요소로 작용하기 때문입니다.

5.3.2 설계기준

설계기준(design baseline)은 '문서(document)'의 형태를 가집니다. 사용자의 요구조건이 최종화되면 개발자는 설계·해석(design & analysis) 활동을 수행하는데, 이러한 활동의 결과물은 무엇일까요? 전기회로(electric circuit), 기계 구조물(mechanical structure), 소프트웨어, 프로토타입(prototype mockup)일까요? 이러한 것들은 설계과정에 발생한 부산물(by-products)일 뿐이고 설계의 결과물은 바로 '문서'입니다. 설계문서는 사양서(specification), 접속사양서(ICD), 도면(drawing), 해석문서 등이 있습니다. 좀더 구체적으로는 설계의 결과물은 설계문서에 기술된 시스템 성능에 관한 숫자(number)입니다.

설계문서가 완성되었다는 것은 제조사가 비용과 일정 범위 내에서 제품으로 구현 가능함을 의미합니다. 만약 설계내용이 구현 불가능할 경우 설계가 잘못 이루어짐을 의미하며 재설계(re-design)를 수행해야 합니다. 실현 가능한 설계 도출이 불가능한 것으로 판명이 되면 사용자와 협의하여 요구조건을 변경해야 합니다.

5.3.3 제품

제품(products)은 '하드웨어(HW)'와 '소프트웨어(SW)'가 결합된 형태를 가집니다. 설계문서가 완성되면 구성요소의 제조·통합(manufacturing & integration) 활동을 통해 제품 총조립이 수행됩니다. 최종 제품이 완성되면 사용자요구 만족여부를 확인하기 위해 시험·검증 활동이 수행됩니다. 만약 제품이 요구조건을 만족하지 못하면 구성품 제조와 통합 활동으로 돌아가서 오류를 수정해야 합니다.

정리하면 시스템의 개발과정도 물의 상변화와 마찬가지로 본질을 유지하며 요구조건, 설계기준, 제품으로 상변화합니다. 이처럼 상변화 주기 동안 시스템 개발을 체계적이고 효과적으로 관리하기 위한 방법론이 시스템 엔지니어링이라고 간단히 정리 가능합니다.

5.4 프로젝트 생명주기

위성 개발을 착수하고 발사 후 임무를 종료할 때까지 상당한 시간이 소요됩니다. 제임스웹 우주망원경은 개발기간 25년, 임무기간 10년으로 프로젝트 생명주기가 총 35

년에 이르는데, 이 기간은 중세 사람의 평균 수명에 맞먹는 수치입니다.

장기간 생명주기 동안 위성 프로젝트를 체계적으로 관리하기 위해 단계(phase)를 구분할 필요가 있습니다. 《NASA 시스템 엔지니어링 핸드북(NASA Systems Engineering Handbook)》[14]과 유럽 우주표준화 협의체(ECSS, European Cooperation for Space Standardization)[15]는 약간의 차이가 있지만 전체 생명주기를 동일하게 7단계로 구분하고 있습니다. 해외 우주분야 업체와 협업으로 프로젝트를 진행할 때 원활한 기술 소통을 위해 생명주기 단계 정의를 정확하게 숙지하는 것이 필요합니다. (※본 교재는 《NASA 시스템 엔지니어링 핸드북》[14] 기준으로 설명함.)

1단계는 개념연구(Pre-Phase A. Concept Studies)입니다. 임무수행에 대한 가능한 대안들을 식별합니다. 주요 업무로 실현가능한 시스템의 개념을 수립하고 이를 위해 시뮬레이션, 해석, 모형제작 등을 수행합니다. 대표적 엔지니어링 활동으로 기획연구(planning study), 선행연구(pilot study), 예비타당성조사(preliminary feasibility study) 등이 있습니다.

2단계는 개념 및 기술 개발(Phase A. Concept & Technology Development)입니다. 프로젝트 목적과 내용을 구체화하고 필요한 기술을 식별하여 개발을 착수합니다. 주요 업무로 운영개념, 최상위요구조건, 시스템 아키텍처, 시스템요구조건, 접속요구조건 등을 도출하고 위기관리, 검증, 형상관리 등 업무에 대한 계획을 수립합니다. 대표적 엔지니어링 활동으로 과제착수(KO, Kick-off), 시스템요구조건검토(SRR, System Requirements Review), 시스템설계검토(SDR, System Design Review) 등이 있습니다.

3단계는 예비설계 및 기술완성(Phase B. Preliminary Design & Technology Completion)입니다. 임무 요구를 충족하기 위한 시스템 아키텍처 전반에 대한 솔루션의 초기버전을 확보합니다. 주요 업무로 최상위레벨에서 최하위레벨까지 요구조건 할당, 설계해석, 절충연구 등을 수행합니다. 사양서, 접속문서, 드로잉문서 등을 생성하고 설계 엔지니어링 과정에 요구되는 인증시험을 수행합니다. 대표적인 엔지니어링 활동으로 예비설계검토(PDR, Preliminary Design Review)가 있습니다.

4단계는 상세설계 및 제작(Phase C. Final Design & Fabrication)입니다. 전체 시스템에 대한 상세설계를 완료하고 구성품을 제작합니다. 주요 업무로 설계해석과 문서작업을 최종화하고 검증계획서와 절차서를 작성합니다. 제품을 구성하는 하드웨어 및 소프트웨어 구성품을 제작합니다. 대표적인 엔지니어링 활동으로 공학모델(EM, Engineering Model), 인증모델(QM, Qualification Model), 소프트웨어시험모델

(STB, Software Test Bed), 전기시험모델(ETB, Electrical Test Bed), 열구조모델(STM, Structural Thermal Model), 상세설계검토(CDR, Critical Design Review) 등이 있습니다.

현업에서 예비설계와 상세설계를 잘못 이해하는 경우가 있는데, 예비설계가 시스템 아키텍처 전체가 아니라 상위레벨에 국한해서 수행하는 것으로 오해하는 사례가 적지 않습니다. 또는 예비설계는 해당 레벨 업무범위 전체가 아니라 1/2 또는 1/3 등 일부만 수행하고 나머지는 상세설계에서 수행하면 된다고 오해하는 사례도 있습니다. 아마도 '예비'라는 단어가 주는 고정관념에 기인한 것으로 보입니다.

예비설계는 해당 레벨의 구성 요소별 독립적으로 수행되기 때문에 타 구성요소에 미치는 영향성 검토가 부족할 수밖에 없습니다. 그래서 예비설계 수행 후 예비설계검토 회의(PDR)를 통해 해당 구성요소의 설계에 사용된 가정이 합리적인지, 타 구성요소에 미치는 영향성은 없는지 등을 종합적으로 검토합니다. 이후 상세설계 단계에 진입하여 추가·보완 활동이 수행되고 상세설계검토 회의(CDR)를 통해 최종설계가 확정됩니다.

5단계는 시스템 조립, 통합 및 시험, 발사(Phase D. System Assembly, Integration & Test, Launch)입니다. 시스템 소립과 통합, 시험검증을 수행하고 시스템 운영을 위한 제반사항을 준비하여 위성을 발사합니다. 주요 업무로 구성품을 통합하여 위성 총조립을 수행하고 시스템 레벨 시험을 수행합니다. 시스템 운영핸드북(operation handbook)을 준비하고 지상국 운영자에 대한 교육과 훈련을 수행합니다. 발사장 발사캠페인을 수행하고 위성을 발사합니다. 대표적인 엔지니어링 활동으로 통합시험준비검토(IRR, Integration & Test Readiness Review), 선적전검토(PSR, Pre-Ship Review), 운영준비검토(ORR, Operation Readiness Review) 등이 있습니다.

6단계는 운영 및 유지(Phase E. Operation & Sustainment)입니다. 궤도상 위성을 정상 운영하고 유지 관리를 수행합니다. 주요 업무로 위성 발사결과 검토, 발사 후 초기운영, 시스템 유지 및 개선 등이 있습니다. 대표적인 엔지니어링 활동으로 위성 운영권 이양(handover), 시스템개선검토(SUR, System Upgrade Review) 등이 있습니다.

7단계는 폐기(Phase F. Closeout)입니다. 임무를 종료하고 위성을 폐기합니다. 주요 업무로 시스템을 폐기하고 미션 최종보고서를 작성합니다. 대표적인 엔지니어링 활동으로 임무종료검토(DR, Decommissioning Review)가 있습니다.

종합하면 Phase A/B/C는 시스템을 구성(formulation)하는 단계, Phase D는 실현

표 5.1 위성시스템 개발 프로젝트 생명주기

Phase	Purpose	Activity	Milestone
1. Pre-Phase A 개념연구	• 임무 달성을 위해 실현 가능한 대안 식별	• Feasible system concepts(simulations, analysis, reports, models, mockups)	기획연구, 선행연구, 예비타당성조사
2. Phase A 개념 및 기술 개발	• 프로젝트 정의 • 필요한 기술 식별 및 개발 착수	• ConOps, top-level requirements, system architecture, system requirements allocation, interface requirements, SRD • SEMP, WBS, SOW • Risk assessment, verification plan, configuration/data management plan	KO, SRR, SDR
3. Phase B 예비설계 및 기술완성	• 임무요구 충족을 위한 초기 설계 솔루션 확보	• Finalize the flowdown of top-level requirements to lower levels • Design & analysis, trade-off study • Specification, interface documents, drawings • Conduct engineering development tests	PDR
4. Phase C 상세설계 및 제작	• 시스템 상세설계 완료 • 구성품(HW, SW) 제작	• Finalize the design & analysis • Finalize the documentation • Verification plan & procedure • Fabricate the product	EM, QM, STB, ETB, STM, CDR
5. Phase D 시스템 조립, 통합 및 시험, 발사	• 제품 조립, 통합 및 시스템 검증 • 시스템 운영 준비 및 위성 발사	• Integrate and verify items • Environmental testing • Prepare operation handbook • Train system operators • Integrate with launch and launch	IRR, FM AIT, PSR, ORR
6. Phase E 운영 및 유지	• 시스템 운영 및 유지관리	• Launch performance assessment • Launch & early operation • Maintain & upgrade the system	Handover, SUR
7. Phase F 폐기	• 임무 종료 및 위성 폐기	• Dispose of the system • Documents such as lessons learned and mission final report	DR

(realization)하는 단계, Phase E/F는 운영(operation)하는 단계로 구분됩니다.

그림 5.8과 같이 프로젝트 생명주기 Phase D 단계에서 통합을 시작하기 위해서는 모든 구성품의 비행모델(FM, Flight Model) 납품이 완료되어야 합니다. 이를 위해 Phase A/B 단계에서 관련 구성품의 신규 개발 또는 제작을 착수해야 합니다. 예를 들어 해리티지(heritage)가 없는 탑재컴퓨터(OBC, On-Board Computer)를 신규 개발하는 경우 PDR, EM/QM, CDR, MRR(Manufacturing Readiness Review), TRR(Test Readiness Review), PSR 등이 수행됩니다. 이에 반해 해리티지가 있는 자이로를 구

매(procurement)할 경우 ESR(Equipment Suitability Review) 또는 CDR, MRR, TRR, PSR 등이 수행됩니다. 두 상황 모두 Phase D단계 이전까지 비행모델이 시스템에 납품되어야 합니다.

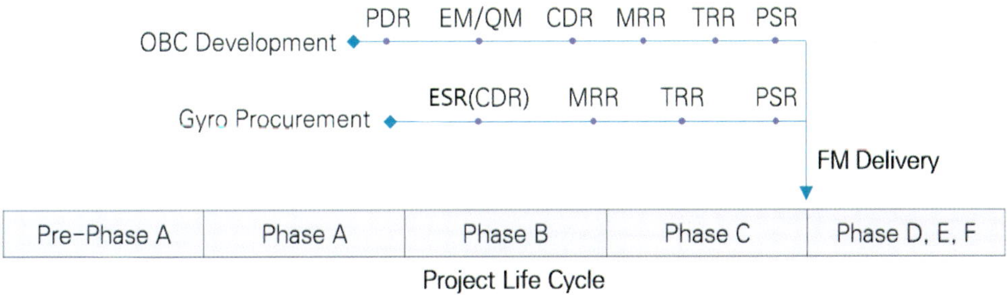

그림 5.8 비행모델의 주요 마일스톤 예

5.5 시스템 엔지니어링 조직

5.5.1 시스템 엔지니어링팀 업무

시스템 엔지니어링팀(systems engineering team)에서 수행하는 주요 업무는 무엇일까요?

첫째, 요구조건에 대한 기능적 해석을 수행합니다. 이를 위해 고객의 요구(needs)와 임무 요구조건을 식별하여 시스템개념, 시스템요구조건, 운영절차 등을 설정합니다. 상위레벨 요구조건을 하위레벨로 할당하여 시스템사양서를 생성하고 사양서 트리(specification tree)를 구성합니다.

둘째, 절충연구(trade-off study)와 설계종합을 수행하여 시스템 설계마진을 할당합니다. 시스템 형상, 접속, 데이터 플로우 등을 정의하고 시스템 성능과 기능을 분석합니다.

셋째, 검증 및 시험 계획을 수립합니다. 이를 위해 검증 프로그램을 정의하고 시스템 시험계획 및 절차를 수립합니다.

넷째, 시스템 종합 및 통제를 수행합니다. 이를 위해 접속설계협의체(ICWG, Interface Control Working Group)와 형상관리위원회(CCB, Configuration Control Board)를 운영하고 발사캠페인 및 임무운영 계획을 수립합니다.

시스템 엔지니어링팀 업무 수행에 팀워크(teamwork) 환경을 만드는 것이 무엇보다 중요합니다. 성공적인 협업(collaboration) 문화를 조성하기 위해 필요한 실용적인 팁(tip)으로 수용성(Receptivity), 공유(Sharing), 존중(Respect), 일관성(Consistency), 정직성(Honesty) 등이 있는데, 영어 각 단어의 첫 글자를 조합하여 기억하기 쉽게 "ReSeaRCH"라고 부르겠습니다. 팀구성원 상호 간 수용성, 공유, 존중, 일관성, 정직성을 장려함으로써 목표 달성에 적합한 결속력을 갖추고 성과가 뛰어난 조직을 만들 수 있습니다. 팀워크의 핵심은 ReSeaRCH를 통해 팀구성원 간의 신뢰를 강화하여 프로젝트 수행 중 발생하는 현안문제와 위기요소를 허용된 시간과 비용 범위에서 성공적으로 해결하는 것입니다.

그림 5.9 성공적인 팀워크 협업에 필요한 요소

5.5.2 시스템 엔지니어 역할

시스템 엔지니어(system engineer)의 역할은 무엇일까요? 시스템 엔지니어는 임무 목표 정의, 운영개념 수립, 시스템 아키텍처 구성, 요구조건 할당 등의 업무를 수행합니다. 시스템 설계에 대한 절충연구를 수행하고 기술 위험도를 평가합니다. 그리고 시스템 접속을 설계하고 검증활동을 계획합니다.

훌륭한 시스템 엔지니어가 되기 위해 필요한 역량은 무엇일까요?

첫째, 스페셜리스트(specialist)보다 제너럴리스트(generalist)가 되어야 합니다. 시스템 엔지니어는 다양한 협의체를 주관하는 상황이 많은데, 이것이 회의에서 최고 결정권자의 권한을 가지다는 것을 의미하는 것은 아닙니다. 시스템 엔지니어는 합리적인 의사결정이 이루어 지도록 회의 준비, 진행, 마무리 등에 대한 코디네이션(coordination)을 수행합니다. 회의가 끝나면 결과를 정리하고 후속 업무를 식별하고 관리해야 하는데, 이를 위해 시스템 전체 분야에 대한 지식과 경험을 골고루 가지는 것이 중요합니다.

둘째, 빅픽처(big picture)를 보아야 합니다. 의사결정 과정에 참여한 엔지니어들은 서로 첨예하기 대립되는 상황이 많습니다. 각자 본인 전문 분야에서 현상을 바라보고 지나치게 몰입하기 때문에 시스템 엔지니어가 시스템 전체에 대한 균형감각을 유지하며 상황을 해결하는 것이 중요합니다. 보다 큰 그림에서 현안을 객관적으로 바라보고 장기적인 측면을 고려한 합리적인 의사결정을 유도하는 것이 필요합니다.

셋째, 대안(alternative)을 제시해야 합니다. "뭔가를 써야 할 때 펜이 없고, 펜이 있을 때 종이가 없고, 펜과 종이가 모두 준비되면 쓸 내용이 없다." 엔지니어링 과정도 이와 유사하여 엔지니어와 이해당사자가 동시에 만족하는 솔루션을 찾기 힘든 상황이 많습니다. 이러한 상황에 놓이면 아무도 결정을 하지 않는데, 이때 시스템 엔지니어가 나서야 합니다. 시스템 엔지니어가 획기적인 정답을 제시하라는 의미가 결코 아닙니다. 상황을 파악하고 현안을 정리해서 차선책(best alternative)을 찾는 과정을 주도하라는 것입니다.

5.5.3 NASA 프로젝트 수행 조직도

그림 5.10과 같이 NASA 프로젝트 수행을 위한 조직도의 예를 들어보겠습니다. 최상위레벨에 프로젝트 관리자(project manager)가 있고 중간레벨에 시스템 엔지니어링 팀(systems engineering team), 프로젝트 과학팀(project scientist team), 안전·임무

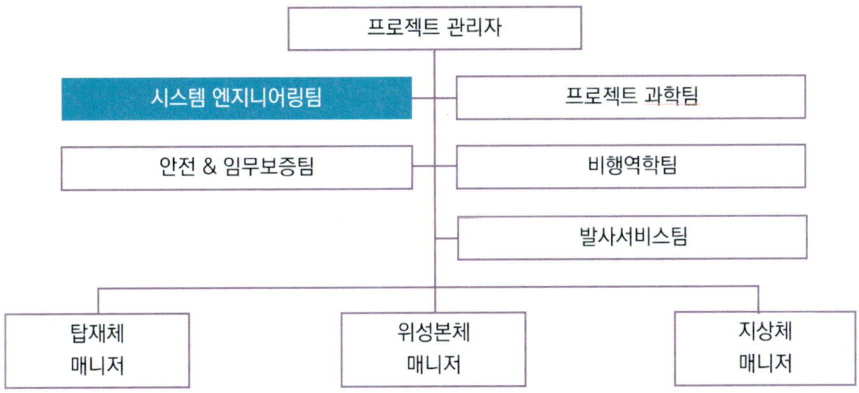

그림 5.10 NASA 프로젝트 수행 조직도 예

보증팀(safety & mission assurance team), 비행역학팀(flight dynamics team), 발사 서비스팀(launch service team)이 있고 하위레벨에 탑재체 매니저(instrument manager), 위성 본체 매니저(spacecraft manager), 지상체 매니저(ground segment manager) 등이 있습니다. 시스템 엔지니어링팀은 프로젝트 관리자를 조력하는 중요한 위치에 있습니다. 만약 프로젝트 관리자를 오케스트라의 지휘자(conductor)에 비유한다면 시스템 엔지니어링팀은 오케스트라와 지휘자의 브릿지(bridge) 역할을 하는 악장(concert master)으로 비유됩니다.

5.5.4 프로젝트 관리

위성 프로젝트 관리(project management)를 수행하기 위해 필요한 핵심 업무로 프로젝트 통제(project control), 시스템 엔지니어링(systems engineering), 제품 보증(product assurance)이 있습니다. 이들 3가지 업무는 독립적으로 실행되지만 서로 긴밀하게 연관되어 있는데 어떠한 차이점이 있을까요?

프로젝트 통제는 프로젝트의 일정(schedule), 예산(budget), 인력(manpower), 자원(resource), 성과(performance) 등의 통제를 통해 프로젝트가 계획(plan)을 준수하고 필요한 조정(adjustment) 업무를 수행하는데 중점을 둡니다.

시스템 엔지니어링은 프로젝트의 기술적(technical), 엔지니어링적(engineering) 측면을 담당하여 요구조건이 충족되도록 시스템을 설계, 구현, 검증, 운영하여 최종 임무목표(mission objective)를 달성하는데 중점을 둡니다.

제품 보증은 품질(quality), 신뢰도(reliability), 안정(safety)과 관련된 활동을 통해

그림 5.11 프로젝트 관리의 3가지 업무

최종 제품(final product)이 요구되는 기준을 달성하는데 중점을 둡니다.

요약하면 프로젝트 통제는 비용과 일정 범위내에서 프로젝트를 어떻게 계획하고 통제할 것인가, 시스템 엔지니어링은 요구조건을 만족하도록 시스템을 어떻게 개발할 것인가, 제품 보증은 최종 제품이 고장없이 운용되도록 신뢰성을 어떻게 확보할 것인가 초점을 맞춥니다.

5.6 시스템 엔지니어링 플로우

5.6.1 플로우 단계

그림 5.12와 같이 위성시스템 엔지니어링 업무가 진행되는 전체 플로우(flow) 단계에 대해서 알아보겠습니다.

1단계, 사용자요구(user needs)를 정의합니다. 사용자의 요구를 정확하게 파악했는가, 기존 대안의 한계를 식별했는가 등을 점검합니다.

2단계, 운영개념(operation concepts)을 정의합니다. 제품 사용자를 식별했는가, 시스템의 운영 환경을 고려했는가, 기존의 방식과 차이점은 식별했는가 등을 점검합니다.

3단계, 최상위요구조건(top-level requirements)을 정의합니다. 시스템의 요구성능이 구체적인가, 최상위요구조건의 세분화 수준이 충분한가, 구성요소 간의 접속요구조건을 식별했는가 등을 점검합니다.

4단계, 시스템 아키텍처(system architecture)를 정의합니다. 아키텍처의 구성요소와 범위가 완전성(completeness), 논리성(logicality), 일관성(conciseness)을 가지는가 등을 점검합니다. 이때 중요한 것은 운영개념과 최상위요구조건 정의 이후에 시스템 아키텍처가 도출된다는 것입니다.

5단계, 구성요소에 대한 요구조건 할당(allocated requirements)을 수행합니다. 구성요소의 요구조건 할당 관계가 합리적인가, 불필요한 요구조건은 없는가 등을 점검합니다.

6단계, 상세설계(detailed design)를 수행합니다. 설계 결과가 적절한가, 구성요소 간의 접속요건을 만족하는가 등을 점검합니다.

7단계, 시스템을 구현(implementation)합니다. 허용 비용과 일정 범위에서 시스템

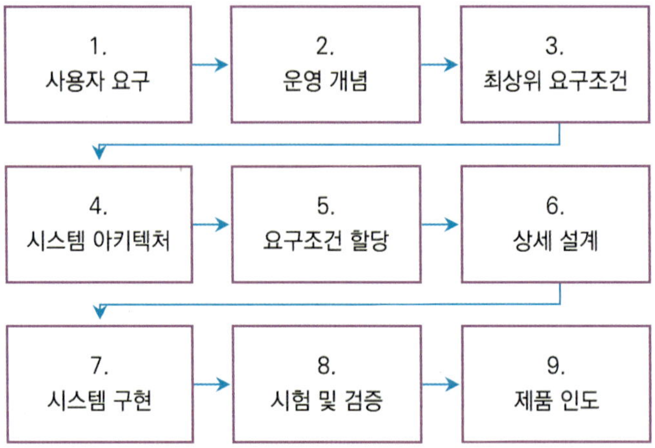

그림 5.12 시스템 엔지니어링 플로우

구현이 가능한가, 재사용 가능한 구성품은 없는가 등을 점검합니다.

8단계, 시험 및 검증(test & verification)을 수행합니다. 성공여부 판단기준을 제시했는가, 요구조건을 충족했는가, 사용자요구를 만족했는가 등을 점검합니다.

9단계, 제품을 인도(product transition)합니다.

5.6.2 플로우 예제

위성시스템 엔지니어링 플로우 예로서 서울에서 부산까지 이동을 원하는 사용자가 있다고 가정해 보겠습니다.

[1단계] 사용자요구

사용자요구를 '하루 만에 서울에서 부산까지 이동한다'로 정의합니다. 사용자 인터뷰를 통해 필요한 정보를 수집하고 요구사항을 최종화하기 전에 반드시 사용자의 동의를 받아야 합니다. 사용자가 원하는 바를 명확히 식별하고 내용을 확정(freeze) 짓는 것이 중요하기 때문입니다.

[2단계] 운영개념

사용자가 동선과 소요시간에 대해서 구체적으로 명시할 수도 그렇지 않을 수도 있습니다. 개발자는 사용자를 대신해서 서울에서 부산까지 이동하기 위한 운영개념을 만듭니다. 즉 '아침 일찍 서울에서 출발해서 대전에서 점심식사를 하고 오후 늦게 부산에 도착해서 저녁 식사를 한다'로 정의합니다. 사용자의 동의를 받아서 운영개념을 최종화하는데, 주목할 점은 운영개념 도출이 시스템 아키텍처 구성 이전에 이루어진다는

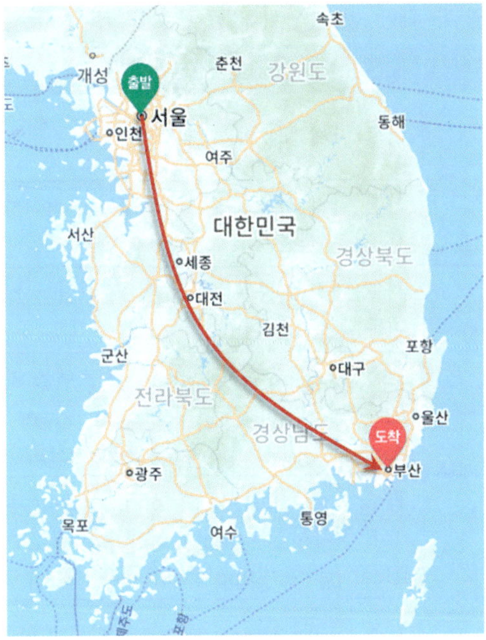

그림 5.13 〈서울-부산 이동〉 임무

것입니다.

[3단계] 최상위요구조건

최상위 수준에서의 시스템 요구조건을 제시합니다. 즉 '서울-대전 간의 이동을 2시간 이내, 점심식사를 1시간 이내, 대전-부산 간의 이동을 3시간 이내로 한다'로 정의합니다. 여전히 중요한 사실은 아직까지 시스템 아키텍처를 구성하지 않았다는 점입니다.

[4단계] 시스템 아키텍처

사용자요구를 만족하는 수단과 방법에 대해서 제시합니다. 차량을 이용할 경우 편리하지만 교통 체증으로 사용자요구를 불만족할 가능성이 높습니다. 항공기를 이용할 경우 악천후로 결항 가능성을 배제할 수 없습니다. 고속전철을 이용할 경우 교통체증과 악천후로 인한 요구조건 불만족 위험성이 가장 낮습니다. 대안으로 고속열차(high speed train)를 제시하고 고속열차의 시스템 아키텍처를 train car, railroad, electrical power unit, station, central control center, power cable 등으로 구성합니다.

[5단계] 요구조건 할당

고속열차 시스템 아키텍처의 구성요소에 대한 요구조건을 할당합니다. 즉 'train car

표 5.2 〈서울-부산 이동〉 임무에 대한 시스템 엔지니어링 플로우

Step	Description
1. 사용자요구 (User Needs)	하루 만에 서울에서 부산까지 이동
2. 운영개념 (Operation Concepts)	아침 일찍 서울 출발, 대전에서 점심식사, 오후 늦게 부산 도착 후 저녁 식사
3. 최상위 요구조건 (Top-level Requirements)	서울-대전 이동은 2시간 이내, 점심식사 1시간 이내, 대전-부산 이동은 3시간 이내
4. 시스템 아키텍처 (System Architecture)	고속열차(high speed train) 시스템을 제시, 시스템 아키텍처는 train car, railroad, electrical power unit, station, central control center, power cable 등으로 구성
5. 요구조건 할당 (Allocated Requirements)	Train car 최고 속도 > 300km/hour, station 개수 < 5, station 정차시간 < 3min, railroad 공진주파수 > 500 Hz, electrical power supply voltage = 25kV ±10%
6. 상세설계 (Detailed Design)	사양서, 접속요구서, 도면, 해석 문서 등 설계문서 생성
7. 시스템 구현 (Implementation)	고속열차 탑승권(서비스) 구매
8. 시험 및 검증 (Test & Verification)	고속열차 탑승(시험)하여 요구조건 충족여부 검증
9. 제품 인도 (Product Transition)	고속열차 탑승권을 사용자에게 전달

의 최고 속도는 300km/h 이상을 만족한다. 서울 부산 간 정차하는 station의 개수는 5개를 초과하지 않는다. Station 정차시간은 3분을 초과하지 않는다. Railroad 공진주파수는 500Hz 이상을 만족한다. Electrical power unit은 공급전압은 25kV ± 10%를 만족한다.'로 정의합니다.

[6단계] 상세설계

고속열차 시스템 아키텍처의 모든 구성요소에 대한 상세설계를 수행하여 사양서, 접속요구서, 도면, 해석 문서 등 설계문서를 생성합니다.

[7단계] 시스템 구현

새로운 고속열차 시스템을 구현하는 데 비용과 일정에 제약이 있으면 고속열차의 이용권 구매가 대안이 됩니다.

[8단계] 시험 및 검증

무작위 날짜를 선정하여 고속열차를 탑승한 후 운영개념과 최상위요구조건의 충족 여부를 확인합니다.

[9단계] 제품 인도

고속열차 탑승권을 사용자에게 전달합니다.

5.6.3 잘못된 플로우 순서

시스템 엔지니어링 플로우에서 범하기 쉬운 실수가 있는데, 그것은 〈사용자요구-운영개념-최상위요구조건-시스템 아키텍처〉가 아닌 〈사용자요구-시스템 아키텍처-최상위요구조건-운영개념〉 순으로 잘못 진행하는 사례입니다. 이 경우 과연 어떤 문제가 있을까요?

해외여행이 대중화되지 않은 과거에는 항공기, 숙소 등을 예약하는 데 필요한 정보를 얻기가 어려웠습니다. 그래서 모든 걸 알아서 척척 대행해주는 여행사를 주로 이용했는데, 여행사 직원이 여행시스템(travel system) 엔지니어로서 고객이 원하는 내용을 파악하고 여행을 계획했습니다. 여행사 직원은 사용자요구(여행지)를 확인한 후 이를 실행하기 위한 운영개념(이동경로), 최상위요구조건(체류기간) 등을 상담합니다. 그리고 마지막은 시스템 아키텍처(항공기, 숙소, 대중교통)를 제시합니다. 여행사 직원은 '사용자요구-운영개념-최상위요구조건-시스템 아키텍처' 순서대로 시스템 엔지니어링 플로우를 정확하게 따릅니다.

요즘 IT세대 여행자는 여행사를 이용하기보다 스스로 여행 계획을 세워 직접 예약합니다. 제일 먼저 하는 일은 무엇일까요? 출발 6~12개월 전에 항공권, 숙소(시스템 아키텍처)를 예약하는데, 여행경비를 최대한 절감하기 위해서입니다. 예를 들어 '로마 In, 바르셀로나 Out' 항공권을 아주 저렴하게 구입해 두었습니다. 이후 여행 출발 2~3개월 전에 상세 여행일정을 구체화하여 방문도시의 체류기간(최상위요구조건)과 이동경로(운영개념)를 계획합니다. 그런데 전체 여행일정을 완벽하게 맞추기 위해서는 '로마 In, 바르셀로나 Out'이 아니라 '마드리드 In, 파리 Out' 항공권을 구매해야 한다는 사실을 뒤늦게 깨닫게 됩니다. 급하게 항공권과 숙소(시스템 아키텍처)를 변경하려 시도하지만 날짜가 임박해 가격은 이미 너무 많이 올라 여의치 않습니다.

해외여행을 직접 계획해보신 분은 이같은 난감한 상황을 한번쯤 경험했을 텐데, 문제의 원인은 무엇일까요? 그것은 바로 그림 5.14와 같이 '사용자요구-시스템 아키텍처-최상위요구조건-운영개념'의 잘못된 순서로 여행계획을 세웠기 때문입니다. 다시 한번 강조하면 시스템 엔지니어링에 '사용자요구-운영개념-최상위요구조건-시스템 아키텍처' 순서를 따르는 것은 프로젝트의 성공뿐 아니라 일정·비용 위험도 관리 측면에서 매우 중요합니다.

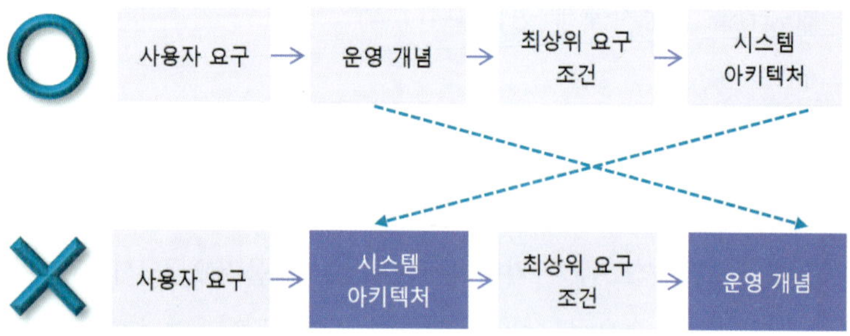

그림 5.14 시스템 엔지니어링 플로우의 잘못된(X) 순서

5.7 Vee 모델

그림 5.15와 같이 Vee 모델에 있어 좌측상단에서 중앙아래로 내려오는 경로는 시스템설계 프로세스(system design process), 중앙아래에서 우측상단으로 올라가는 경로는 제품실현 프로세스(product realization process)를 의미합니다.

시스템설계 프로세스는 사용자요구와 운영개념을 정의하는 것으로 시작합니다. 그 다음 시스템 요구조건과 아키텍처를 정의하고 상세설계를 수행한 후 마지막으로 시스템 구성품을 구현합니다.

제품실현 프로세스는 구성품 레벨의 구현, 통합, 시험, 검증을 수행합니다. 그 다음 시스템 레벨의 검증을 수행하고 마지막으로 운영환경 조건에서 사용자의 요구 만족 여부를 확인합니다.

프로젝트 초기에 시스템설계 프로세스가 수행되고 후반에 제품실현 프로세스가 수행되는데, 시스템설계 프로세스를 수행할 때 제품실현 프로세스에 대한 계획을 함께 고려해야 합니다. 설계과정에서 요구조건을 식별할 때 향후 시험을 통해 검증이 가능한지, 시험장비가 구현 가능한지 등을 미리 검토해야 합니다. 그렇지 않고 제품실현 프로세스 활동 중 해당 요구조건의 시험불가 또는 시험장비의 구현불가 사실을 뒤늦게 인지하면 제품실현 프로세스를 중단하고 시스템설계 프로세스로 복귀하는 위험이 발생합니다.

Vee 모델의 핵심은 시스템설계 프로세스 활동을 진행하는 동안 수평방향의 제품실현 프로세스를 미리 점검해야 한다는 것입니다. 시스템 엔지니어링은 이것을 기술관리 프로세스(technology management process)라고 부릅니다. 따라서 Vee 모델에서 시스템설계 프로세스, 제품실현 프로세스, 기술관리 프로세스의 상호 관계를 정확히 숙지하고 프로젝트를 진행하는 것이 중요합니다.

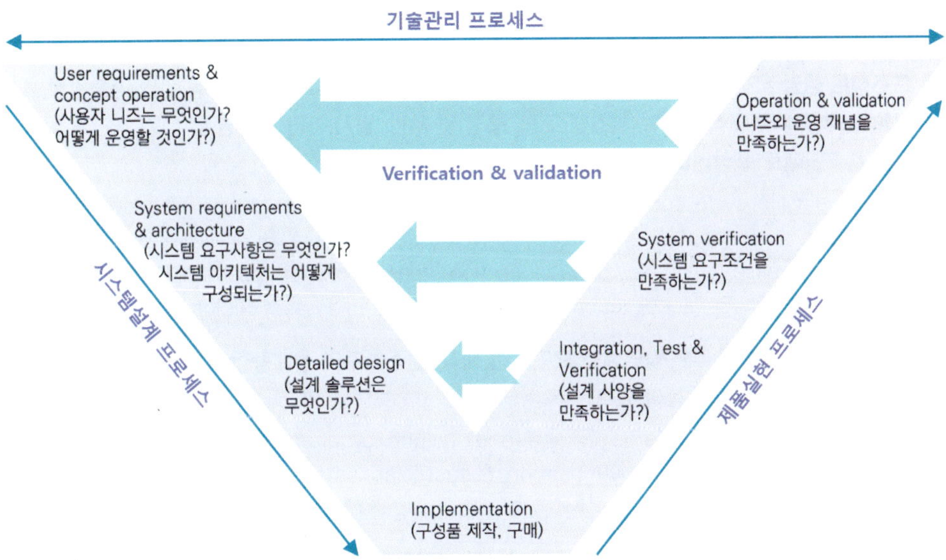

그림 5.15 Vee 모델

핵심사항 요약

- **시스템 엔지니어링은 미국 국방부의 나이키 미사일 프로젝트와 NASA의 아폴로 프로그램을 통해 체계화되었다.**

  The systems engineering was formulated through the U.S. Department of Defense's Nike missile project and NASA's Apollo program.

- **시스템 엔지니어링을 수행하는 과정에 요구조건, 설계기준, 제품의 상변화가 발생한다.**

  During the systems engineering process, the phase changes in requirements, design baseline, and products occur.

- **프로젝트 생명주기는 1단계 개념연구, 2단계 개념 및 기술 개발, 3단계 예비설계 및 기술완성, 4단계 상세설계 및 제작, 5단계 시스템 조립, 통합 및 시험, 발사, 6단계 운영 및 유지, 7단계 폐기 등의 총 7단계로 구성된다.**

  The project life cycle consists of seven phases such as Pre-phase A concept studies, Phase A concept & technology development, Phase B preliminary design & technology, Phase C final design & fabrication, Phase D system assembly, integration & test, launch, Phase E operation & sustainment, and Phase F closeout.

- **시스템 엔지니어링의 주요 업무에는 요구조건 해석, 절충연구와 설계종합, 검증 및 시험 계획 수립, 시스템 종합 및 통제 등이 있다.**

  The main tasks of systems engineering include requirements analysis, trade-off study & design synthesis, verification & test plan establishment, and system integration & control.

- **시스템 엔지니어는 스페셜리스트 대신 제너럴리스트로서 빅픽처를 보고 대안을 제시해야 한다.**

  The systems engineer must be able to see the big picture and suggest alternatives as a generalist instead of a specialist.

- **프로젝트 관리의 핵심 업무는 프로젝트 통제, 시스템 엔지니어링, 제품 보증으로 구성된다.**

  The major tasks of project management consist of project control, systems engineering, and product assurance.

- **시스템 엔지니어링 플로우는 1단계 사용자요구, 2단계 운영개념, 3단계 최상위요구조건, 4단계 시스템 아키텍처, 5단계 구성요소 요구조건 할당, 6단계 상세설계, 7단계 시스템 구현, 8단계 시험 및 검증, 9단계 제품 인도 등의 총 9단계로 구성된다.**

  The systems engineering flow consists of nine steps such as Step 1 user needs, Step 2 operation concepts, Step 3 top level requirements, Step 4 system architecture, Step 5 allocated requirements, Step 6 detailed design, Step 7 implementation, Step 8 test & verification, and Step 9 product transition.

- **Vee 모델은 시스템설계 프로세스, 제품실현 프로세스, 기술관리 프로세스로 구성된다.**

  The Vee model consists of system design process, product realization process, and technology management process.

제 6 장

시스템 엔지니어링 용어

6.1 기본 용어
6.2 Verification과 Validation
6.3 Hazard와 Risk
6.4 Fault와 Failure
6.5 IPT와 WG
6.6 PBS와 WBS

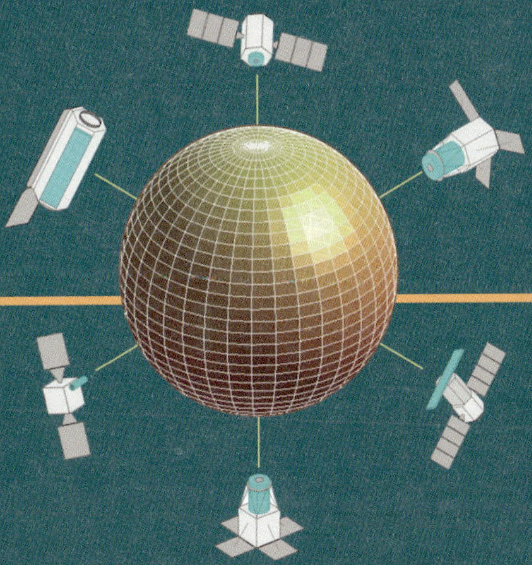

6.1 기본 용어

그리스 철학자 아리스토텔레스(Aristotle, 384~322 BC)는 플라톤의 제자이자 알렉산드로스 대왕의 스승으로 저서 《형이상학(Metaphysica)》에서 시스템을 다음과 같이 정의합니다. "전체는 부분을 합한 것 이상이다. The whole is more than the sum of its parts." 물론 기원전 400년에 시스템이라는 용어는 없었지만 당시에 "단순 합 이상"의 개념을 처음 시도했다고 볼 수 있습니다.

그림 6.1 아리스토텔레스 (Aristotle, 384~322 BC)[16]

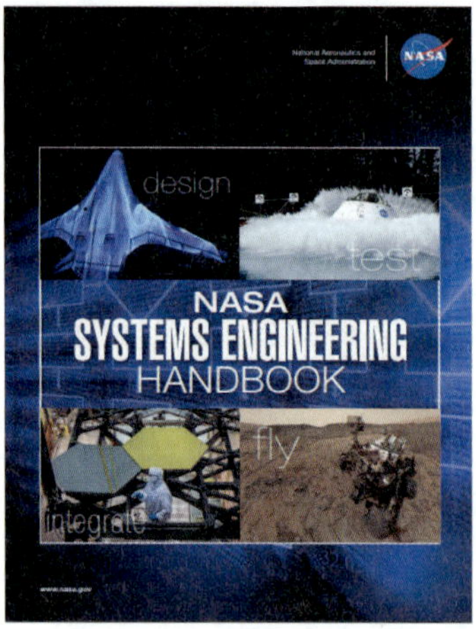

그림 6.2 NASA 시스템 엔지니어링 핸드북[14]

시스템(system)의 정의는 무엇일까요? NASA 시스템 엔지니어링 핸드북(NASA Systems Engineering Handbook)에 따르면 "시스템은 상호 연관된 구성요소의 집합으로 상호작용을 통해 공통의 목표를 달성한다. (A system is a set of interrelated components which interact with one another in an organized fashion toward a common purpose.)"고 기술하고 있습니다. 즉 시스템은 구성요소를 단순이 모아 놓은 것을 초월하여 개별 구성요소가 해낼 수 없는 공통의 기능을 수행해야 합니다.

그림 6.3과 같이 여러분 앞에 돌, 나무막대, 노끈이 있다고 가정해보겠습니다. 이 3가지를 결합하면 어떤 시스템이 될까요? 바로 돌도끼가 됩니다. 돌도끼는 돌, 나무막대, 노끈 각각의 구성요소가 달성할 수 없는 새로운 기능을 가지게 됩니다.

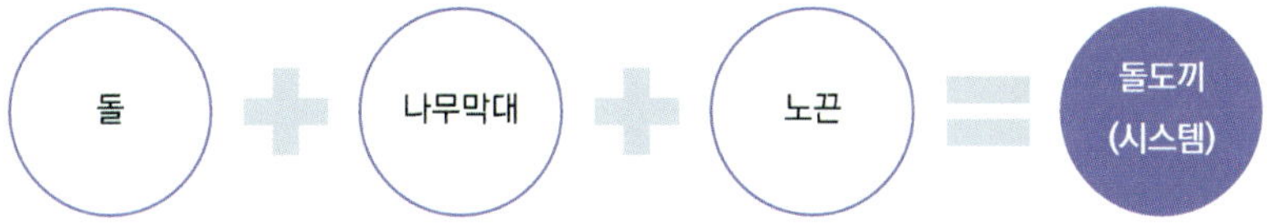

그림 6.3 돌도끼

그런데 그림 6.4와 같이 장난감 플라스틱 블록(block)을 조립해서 비행기를 만든다면 과연 시스템이라 부를 수 있을까요? 블록이라는 개별 구성요소를 결합하여 비행기를 만들었지만 여전히 블록 결합체에 불과하고 '비행'이라는 새로운 기능을 갖지 못합니다. 결론적으로 블록조립 비행기는 시스템이 될 수 없습니다.

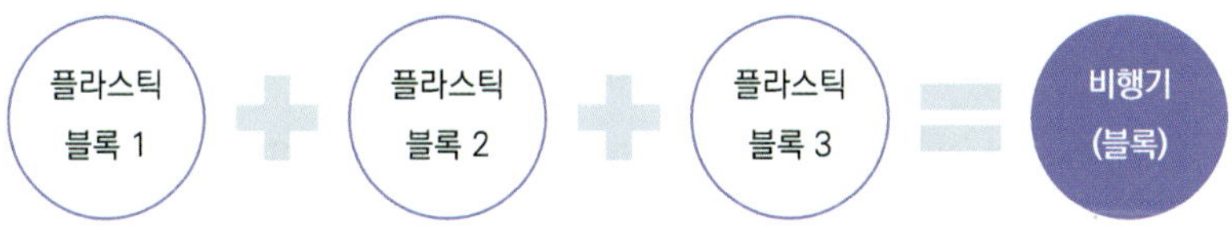

그림 6.4 블록조립 비행기

시스템의 종류는 사람의 모임과 조직, 소프트웨어와 데이터, 장비와 하드웨어, 시설과 재료, 서비스와 기술, 정책과 문서체계 등 다양합니다.

시스템 생명주기(system life cycle)는 시스템 존재와 관련된 모든 단계(phase)를 의미하는데, 시스템의 개념 수립(concept establishment), 설계(design), 개발(development), 생산(production), 배치(distribution), 운영(operation), 유지관리(maintenance), 퇴역(retirement), 폐기(disposal) 등을 포함합니다. 이것은 마치 출생하고, 성장하고, 성인이 되고, 사회에서 역할을 하고, 나이 들어 생을 마감하는 사람의 일생과 유사합니다.

이러한 관점에서 시스템 엔지니어링(systems engineering)은 시스템 생명주기 동안 설계, 구현, 기술관리, 운영, 퇴역 등의 전 과정을 체계적으로 수행하기 위한 통솔된 접근법(disciplined approach)으로 정의됩니다.

임무(mission)는 고객(customer) 또는 에이전트(agent)의 목적을 달성하기 위해 부여된 주요 활동이며 이해관계자(stakeholder)는 시스템 개발의 결과물에 이해 관계가 있는 사람, 그룹, 조직으로 정의됩니다.

운영개념(concept of operation)은 이해관계자의 기대를 충족하기 위해 생명주기 동안 시스템이 어떻게(how) 운영되는지 다룹니다. 운영개념을 기술한 대표적 문서는 시스템운영개념서(system operation concept document)로서 줄여서 CONOPS라고 부르는데, 운영관점에서 시스템의 특성을 기술하여 임무목표를 어떻게 달성하는지 설명합니다.

운영개념서는 임무목표, 기능적 구성요소와 접속관계, 운영모드, 조립 및 시험 환경, 발사장 운송, 위성발사, 운영 시나리오, 생명주기 동안 발생 가능한 위험요소 및 잠재적 현안 등을 포함합니다. 중요한 사실은 제시된 운영개념이 특정한 설계와 구현에 국한되지 않으며, 시스템과 구성요소의 운영 방식에 대한 일반적인 사항을 기술해야 한다는 점입니다.

요구조건(requirements)은 동의된(agreed) 요구, 희망사항, 요구사항, 역량, 허용범위, 제약 등에 대해서 정량화된 수치로 기술된 '서술(statement)'입니다. 요구조건은 장치, 장비, 시설, 인력, 서비스, 자원에 적용되며 영어로 작성할 때 'shall'이 포함된 문장으로 기술됩니다. 요구조건을 기술한 대표적인 문서로 사용자요구서(user requirements document), 시스템요구서(system requirements document), 접속요구서(interface requirements document) 등이 있습니다.

사양서(specification) 또는 규격서는 시스템 아키텍처의 구성요소에 대한 요구조건, 설계, 운영, 특성 등을 기술하는 '문서(document)'입니다. 기술된 내용은 완결성(completeness), 정확성(preciseness), 검증가능성(verifiability)을 갖춰야 합니다. 대표적인 사양서로서 시스템사양서(system specification), 탑재체사양서(payload specification), 위성 본체사양서(spacecraft bus specification), 지상국사양서(ground station specification) 등이 있습니다.

요구조건과 사양서는 상호 어떤 관계가 있을까요? 그림 6.5와 같이 설계 프로세스에서 입력은 요구조건이고 출력은 사양서입니다. 바꾸어 정리하면 사양서는 설계 프로세스의 결과물입니다. 사양서에 식별된 신규 요구조건은 하위 구성요소를 설계하기 위한 새로운 입력이 되는데, 이러한 방식은 아키텍처 최상위 구성요소에서 최하위까지 적용됩니다.

그림 6.5 요구조건과 사양서

기술성능지표(TPM, Technical Performance Measure)는 프로젝트 성공과 밀접한 관계가 있는 시스템 주요 성능 파라미터의 집합으로 정의됩니다. 기술성능지표는 시스템 개발 과정동안 모니터링 되고 관리되는데, 예를 들어 위성 무게, 크기, 전력소모량, 해상도, 기동성능, 신뢰도 등이 있습니다.

6.2 Verification과 Validation

시험검증 활동에서 Verification과 Validation이라는 용어를 자주 사용하는데, 실무 현장에서 혼동하여 잘못 사용되는 사례가 종종 있습니다. 두 단어 모두 우리말로 '검증', '검사' 등으로 번역되는 것과 무관하지 않습니다.

Verification은 제품이 요구조건(requirements)을 충족하는지 확인하는 것입니다. 여기서 말하는 요구조건은 제품 설계와 관련된 사양서, 도면, 구성품 요소, 형상 문서 등을 의미합니다. Verification 방법으로 시험(test), 분석(analysis), 유사도(similarity), 검사(inspection), 시연(demonstration) 등이 있습니다. Verification 활동은 제품 최종 단계뿐 아니라 제품을 제작, 조립하는 생명주기 중간단계에서도 수행됩니다. Verification이 적용되는 대상은 주로 신제품(new products), 변형품(modified products), 맞춤 생산품(customized products) 등입니다.

Validation은 제품이 고객 기대(customer expectation)를 충족하는지 확인하는 것입니다. 고객 기대는 고객이 의도한 환경에서 의도한 목적대로 제품을 사용하는 것을 의미하며, 확인 방법은 Verification과 동일하게 시험, 분석, 유사도, 검사, 시연 등이 적용됩니다. Validation 활동은 실제 사용환경 또는 유사환경을 모사하여 최종 완성된 제품에 대해서 수행됩니다. Verification이 이미 적용된 제품에 Validation을 한 번 더 수행하는 것이 가능합니다. 기성제품(off-the-shelf products)과 대량생산품(mass production)은 Verification을 생략하고 Validation만 수행하는 사례도 있습니다.

간단히 요약하면 그림 6.6과 같이 Verification은 '스펙만족성', Validation은 '용도적합성'을 확인하는 과정이라고 구분할 수 있습니다.

Verification과 Validation의 차이를 좀더 이해하기 위해 일상에서 예를 들어보겠습니다. 인터넷 쇼핑을 통해 옷을 구매 후 배송받은 제품을 반품하는 데에는 두 가지 이유가 있습니다.

첫 번째, 제품에 하자(defect)가 있는 경우입니다. 예를 들어 옷이 찢어지거나 탈색된 경우인데, 정상적으로 생산된 옷은 그러한 문제가 발생하면 안 됩니다. 제품이 스펙을 만족하지 못한 상황으로 Verification Fail에 해당합니다.

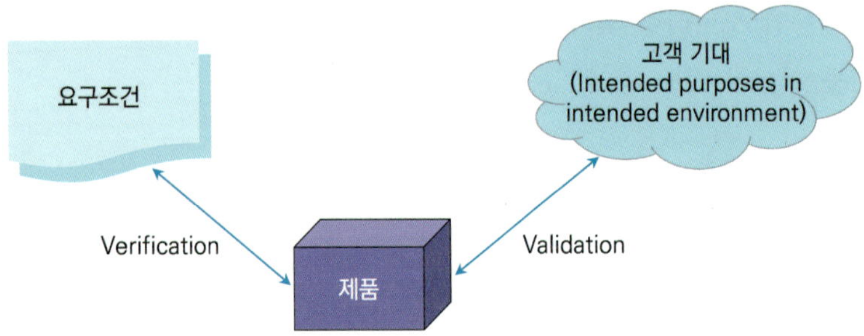

그림 6.6 Verification과 Validation

두 번째, 제품에 하자가 없지만 구매자의 기대에 맞지 않는 경우입니다. 구매자는 등산이나 트레킹을 위해 해당 제품을 구매했습니다. 제품은 설계 요구조건을 모두 만족하는 성능을 가지고 있습니다. 하지만 사용 환경에서 입어보니 신축성이 부족하고 통풍성이 기대에 미치지는 못합니다. 제품이 사용자 용도에 적합하지 않는 상황으로 Validation Fail에 해당합니다.

다른 예를 들어보겠습니다. 가정에서 구매할 품목이 생길 때 포스트잇(Post-It Note)에 적어서 냉장고 도어에 붙여 놓는데, 주말이 되면 포스트잇을 모두 모아서 걸맞은 물품을 쇼핑합니다. 여기서 포스트잇에 기록된 목록은 요구조건에 해당합니다. 실제 마트에 진열된 물건을 꼼꼼히 비교하며 장바구니에 담는데, 이것은 Verification 과정에 해당합니다. 그런데 쇼핑을 마치고 마트를 나오기 전 우연히 진열대에서 마음에 드는 물건을 발견하고 구매를 망설입니다. 과연 이 제품이 필요한지, 어떤 용도에 사용할지, 의도하는 환경에 적합할지 등을 심각하게 고민합니다. 바로 Validation 과정에 해당합니다.

6.3 Hazard와 Risk

위험관리(risk management) 활동에서 자주 사용되는 Hazard와 Risk에 대해서 알아보겠습니다. 두 용어를 구분하여 사용하는 것이 중요한데, 시스템 엔지니어링에서 Hazard는 '위험가능성', Risk는 '위험도'로 정의됩니다.

그림 6.7과 같이 Hazard는 해를 끼칠 가능성(potential)의 개념으로 예를 들어 잠재적 손상, 해로움, 건전성에 미치는 영향, 막연한 걱정 등이 있습니다. Hazard를 다루기 위해 Hazard분석(hazard analysis) 기법을 적용합니다.

Risk는 Hazard보다 더 구체적인 개념인데, 해를 끼칠 가능성(probability 또는 likelihood)뿐 아니라 시나리오에 근거한 불리한 결과의 심각성(severity 또는 impact)을 함께 포함합니다. 예로서 신규개발, 경험부족, 기술미비, 납기지연, 비용증가, 일정지연, 수출규제, 제재(sanction) 등이 있습니다. Risk를 다루기 위해 Risk평가(risk assessment) 기법을 적용하는데, 이를 통해 위험요소(risk item)를 발생확률과 심각성에 따라 세부 분류하고 대안을 수립하여 관리합니다. 프로젝트 일정, 비용, 인력, 인프라 등 시스템 자원이 투입되기 때문에 Hazard를 Risk로 잘못 식별하는 것을 각별히 주의해야 합니다.

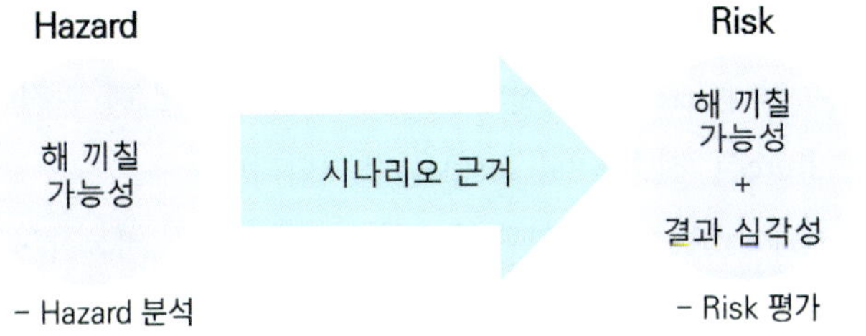

그림 6.7 Hazard와 Risk

Hazard와 Risk의 개념을 좀더 쉽게 이해하기 위해 서울에서 부산까지 자동차로 이동하는 예를 들어보겠습니다.

운전자가 운전면허증을 소지하고 있지만 운전경험은 그다지 많지 않습니다. 운전자는 출퇴근을 위해 매일 시내 주행을 하지만 장거리 고속도로 이용은 이번이 처음입니다. 과연 고속도로에서 운전을 잘할지 불안해하며 막연한 위험 가능성을 걱정합니다. 이것이 바로 Hazard입니다. 골프(Golf)에서 경기를 어렵게 만들기 위해 곳곳에 설치한 방해물 또는 함정으로 벙커(bunker)와 워터 해저드(water hazard)가 있습니다. 이것은 골퍼의 스윙을 직접 방해하는 것이 아니라 단지 위험 가능성을 이용하여 골퍼에게 스트레스와 재미를 동시에 부여하는 것입니다.

부산까지 이동하는 문제로 다시 돌아가서 이번에는 운전자가 방향감각과 반사신경이 좋고 운전을 아주 능숙하게 잘합니다. 운전미숙으로 인한 사고 가능성은 거의 없다고 자타가 공인합니다. 그런데 운전면허증이 없거나 최근 취소된 상황이라면 어떨까요? 이 경우 막연한 사고 위험 가능성을 뛰어넘어 사고 결과에 대한 심각성, 즉 법적 책임(liability)을 함께 고민해야 합니다. 이것이 바로 Risk입니다.

요약하면 Risk는 미래의 발생 가능성 있는(또는 발생하지 않을 수 있는) 사건이나 상황을 의미하며 발생 시 프로젝트 수행에 악영향을 미칩니다. Risk 항목은 사전에 식별 및 분석되어 위기완화계획(risk mitigation plan)에 따라 발생 가능성과 영향성이 최소화되도록 관리됩니다. Risk와 구분해야 할 개념으로 현안(Issue)이 있습니다. Issue는 현재 발생하고 있거나 이미 발생하여 즉각적인 조치가 이루어져야 할 문제 또는 관심대상을 의미합니다.

6.4 Fault와 Failure

고장관리(fault management) 활동과 관련된 Fault와 Failure에 대해 알아보겠습니다. 사전적 의미로 각각 '고장'과 '실패'로 번역되는데, 시스템 관점에서 Fault는 분손(partial loss), Failure는 전손(total loss)을 의미합니다.

그림 6.8과 같이 Fault는 시스템 내의 결함(defect)으로 의도하지 않거나 예상하지 못한 방식으로 수행되도록 하는 시스템의 잘못된 단계(step), 처리(process), 데이터(data)를 포함합니다. 향후 실패를 초래하는 설계 또는 구현에 내재된 취약점(inherent weakness)을 의미합니다. 예로서 소프트웨어 버그, 무작위 하드웨어 오류, 메모리 비트 에러, 데이터 전송 손실 또는 오류 발생, 분손(partial loss) 등이 있습니다. Fault와 관련된 시스템 엔지니어링 기법으로 고장탐지·격리·복구(FDIR, Fault Detection, Isolation & Recovery), 고장관리(fault management), 내고장성(fault tolerance), 고

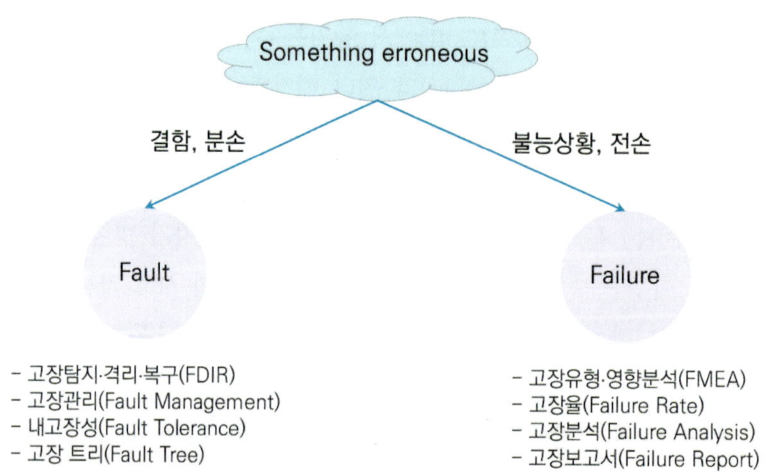

그림 6.8 Fault와 Failure

장트리(fault tree) 등이 있습니다.

Failure는 시스템이나 구성요소가 요구 기능과 성능을 불만족하여 주어진 목표를 달성할 수 없는 불능상황(inability)을 의미합니다. 예를 들어 시스템 또는 구성요소의 미동작(out of order), 파손, 전손 등이 있습니다. Failure와 관련된 시스템 엔지니어링 기법으로 고장유형·영향분석(FMEA, Failure Modes & Effects Analysis), 고장율(failure rate), 고장분석(failure analysis), 고장보고서(failure report) 등이 있습니다.

요약하면 Fault는 일부 성능저하가 발생하지만 관리를 통해 원래의 시스템 기능 수행이 가능한 상황이고 Failure는 시스템 원래의 기능을 전혀 수행 불가능한 상황입니다.

자동차를 타고 서울에서 부산까지 이동 중 타이어 펑크(flat tire)가 발생하면 Fault와 Failure 중 어떤 상황일까요?

일단 차를 갓길에 안전하게 정차한 다음 예비타이어(spare tire)로 교체하고 다시 운전을 합니다. 통상 예비타이어는 표준타이어(standard tire)보다 두께가 얇지만 저속으로 운전하면 부산까지 이동하는 데 큰 무리가 없습니다. 이 상황은 Fault에 해당합니다. 결함으로 인해 원래의 성능에 저하가 발생했지만 제한된 범위에서 본래의 기능을 수행하는 데 큰 무리가 없습니다.

그런데 만약 엔진 고장이 발생하면 어떻게 될까요? 이번엔 견인차를 호출하고 차량 정비소로 옮겨서 수리해야 합니다. 원래 부산까지 이동하려던 임무를 중단해야 하는데, 이 상황은 Failure에 해당합니다.

궤도상 고장(fault)이 발생하면 위성을 지상으로 견인해서 수리할 수 있는 방법이 없습니다. 그래서 중요 구성품은 여분의 동일 구성품과 함께 탑재하는데, 고장이 발생하면 가용 구성품을 재구성(reconfiguration)하여 임무를 지속합니다. 이것은 마치 축구 경기에서 경고 누적으로 선수 1명이 퇴장하면 나머지 선수들이 전술 배치를 바꾸어 경기를 지속하는 것과 비슷합니다.

반작용휠은 위성의 자세제어를 위해 최소 3개 유닛이 필요한데, 고장을 대비해 여분을 추가해서 총 4개 유닛을 장착합니다. 1개 유닛이 고장나더라도 나머지 3개 유닛으로 3축 제어가 가능하지만 전체 모멘텀과 토크 감소로 기동성능 저하가 발생합니다. 별추적기는 자세결정을 위해 2개 유닛을 서로 다른 지향방향으로 장착됩니다. 1개 유닛이 고장나면 해당 별추적기 시선방향의 관측성(observability) 부족으로 자세결정 성능 저하가 발생합니다.

6.5 IPT와 WG

과거 프로젝트 수행에 문제점은 바로 계층적(hierarchical) 의사결정 프로세스였습니다. 프로젝트 구성원이 회의에서 오랜시간 논의를 한 후 최고 위치에 있는 사람이 최종 의사결정을 했습니다. 이로 인해 최고 결정권자가 잘 모르는 분야의 내용을 간과하거나 소수 중요한 의견이 고려되지 않는 사례가 적지 않았습니다. 권위에 의한 일방적인 의사결정은 합리적인 대안이 도출되지 않는 문제를 초래합니다.

IPT(Integrated Product Team)는 시스템 엔지니어링 수행에 있어 의사결정(decision making)을 위한 협의체로 조직 전반에 걸쳐 수평적(horizontal) 의사결정이 이루어질 수 있는 프로세스를 적용합니다. 조직의 상하관계가 아니라 수평관계에서 전문성에 기반한 의사결정을 수행하는 것이 핵심입니다. IPT는 성공적이고 균형 잡힌 체계를 구축하여 문제를 식별하고 해결합니다. 또한 의사결정 과정을 활성화하여 건전하고 시기 적절한 대안사항 또는 권장사항을 도출합니다. IPT는 팀리더(team leader)와 협력하는 모든 기능분야의 대표자(representative)로 구성되는데, 이해관계자가 최대한 참여하도록 유도하는 것이 중요합니다. IPT는 미국방부 'DoD Regulation 5000.1-R'에 규정되어 있습니다.

WG(Working Group)는 IPT의 하위 개념으로 특정 주제나 제품에 대한 전문성을 갖춘 인력으로 구성하는 것이 중요합니다. WG를 독특하게 만드는 것은 역할과 책임(role & responsibility)이 명확히 정의되고 각자 할당된 임무목표를 빠르게 달성해야 한다는 점입니다. WG는 사전 정의된 절차에 따라 생성되고 임무종료 후 소멸될 수 있습니다.

그림 6.9와 같이 운영에 IPT와 WG의 상호관계 흐름에 대해서 알아보겠습니다.

1. IPT에서 프로젝트 현안을 식별합니다.
2. 안건을 세분화하여 해당 WG에 할당하는데, 이때 필요에 따라 복수의 WG 생성이 가능합니다.
3. WG에서 상세기술 분석과 동료검토(peer review)를 통해 결과를 도출합니다.
4. WG 결과를 IPT에 보고합니다.
5. IPT는 WG 결과를 재평가(re-evaluation)하고 해당 현안을 종결합니다.

여기에서 주의해야 할 점으로 재평가의 목적은 IPT 구성원이 WG 결과를 기술적으로 완전히 재검토(review)하는 것이 아닙니다. WG 안건에 대해 가장 합리적인 결과를 도출할 수 있는 전문가는 WG 구성원입니다. 재평가의 목적은 WG 결과에 적용된 가정과 도출된 결론이 시스템 내 타분야와 프로젝트 자원(비용, 일정, 인력)에 미치는 영향성을 점검하는 것입니다.

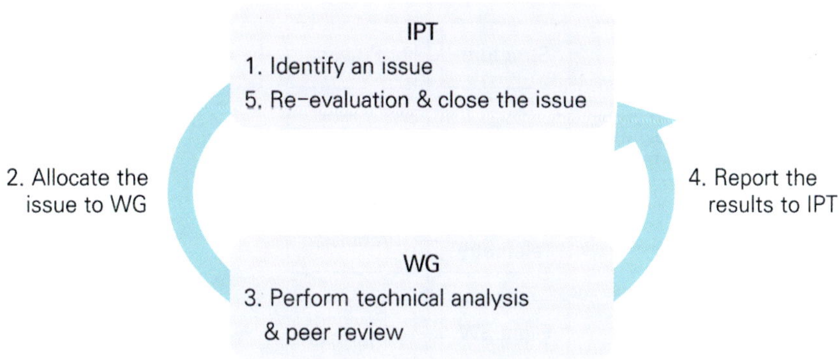

그림 6.9 Integrated Product Team과 Working Group

6.6 PBS와 WBS

사용자(또는 고객)와 개발자(또는 계약자)의 관계는 무엇일까요? 사용자는 요구사항을 제시하고 이를 구현하기 위한 비용과 일정을 제공합니다. 개발자는 이에 대한 대가로 솔루션을 인도하는데, 이때 솔루션은 하드웨어, 소프트웨어, 문서 등으로 구성된 제품입니다.

개발자가 제품 개발에 필요한 일정, 비용, 인력을 계획하기 위해 제일 먼저 수행하는 일은 무엇일까요? 바로 제품분류구조(PBS, Product Breakdown Structure)와 작업분할구조(WBS, Work Breakdown Structure)를 구성하는데, PBS와 WBS는 프로젝트 범위를 관리 가능한 요소로 구성(organization)하고 분해(decomposition)하기 위한 시스템 엔지니어링 도구입니다.

PBS는 프로젝트의 결과물(deliverable) 또는 제품(product)을 계층적으로 분해해 놓은 것입니다. 예를 들어 그림 6.10과 같이 위성 비행부문(flight segment)은 계층구조에 입각하여 탑재체(payload element), 위성 본체(spacecraft bus), 발사체접속부(launch accommodation)로 분해됩니다. 탑재체는 광구조(telescope), 검출기(detector), 전장품(electronics), 본체접속부(spacecraft interface)로 세부 분해되고 동일한 방법으로 위

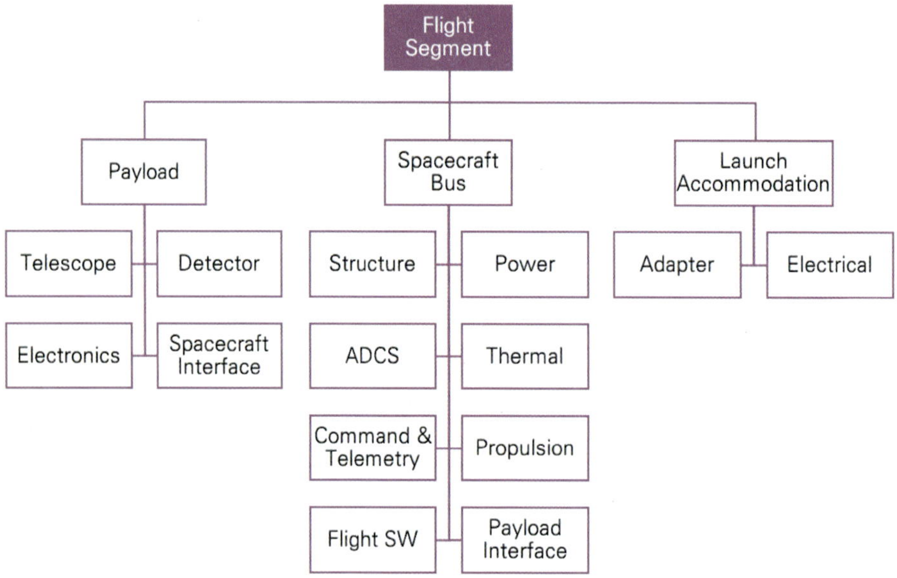

그림 6.10 Flight Segment 제품분류구조 예

성 본체와 발사체접속부를 세분화합니다.

WBS는 프로젝트 목표를 달성하고 결과물을 생성하기 위해 프로젝트 팀이 수행하는 작업(work)을 계층적으로 분해한 것인데, 프로젝트의 최종 제품뿐 아니라 이를 생산하는 데 필요한 하드웨어, 소프트웨어, 서비스 및 데이터를 포함합니다. WBS 계층구조의 최하위 수준을 작업패키지(WP, Work Package)라고 부릅니다.

예를 들어 그림 6.11과 같이 최종 제품이 4개 서브시스템으로 통합(integration)되어 있다고 가정하겠습니다. 해당 제품을 서브시스템 A, B, C, D로 계층적으로 분해하면 이것이 바로 PBS인데, 개발에 필요한 자원을 포함하지 않고 제품을 단순 분해한 것입니다.

그림 6.12와 같이 제품을 개발하기 위해 개별 서브시스템(A, B, C, D)의 개발뿐 아니라 프로젝트 관리, 시스템 엔지니어링, 제품 통합 및 검증, 통합 물류 지원 등이 필요합니다. 제품의 구성요소 개발 업무뿐 아니라 시스템 통합(system integration) 관련 필요한 모든 업무를 함께 정의한 것이 바로 WBS입니다. 정리하면 PBS는 프로젝트의 결과물이나 제품에 중점을 두는 반면, WBS는 해당 결과물을 생산하는 데 필요한 작업에 중점을 둡니다.

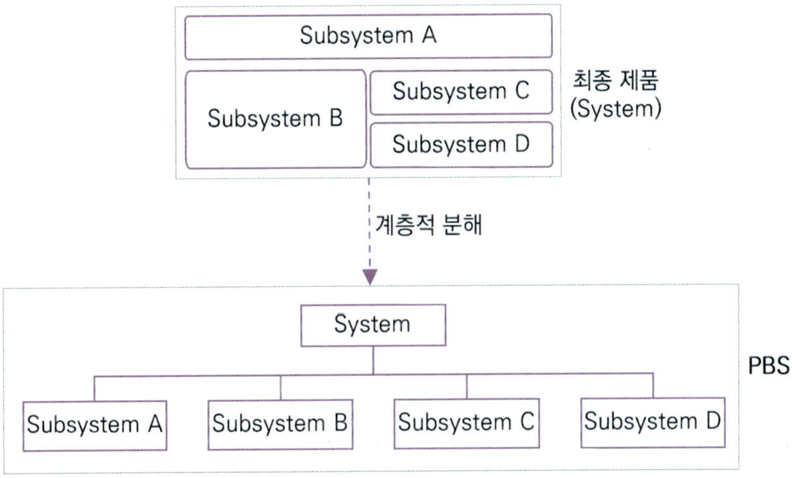

그림 6.11 제품분류구조 예

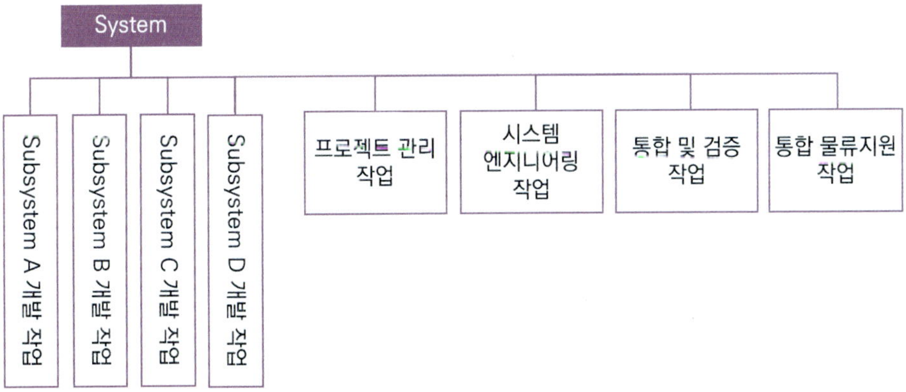

그림 6.12 작업분할구조 예

핵심사항 요약

- **시스템은 상호 연관된 구성요소의 집합으로 상호작용을 통해 공통의 목표를 달성한다.**

  System is a set of interrelated components which interact with one another in an organized fashion toward a common purpose.

- **시스템 생명주기는 시스템의 개념 수립, 설계, 개발, 생산, 배치, 운영, 유지관리, 퇴역, 폐기 등을 포함한다.**

  System life cycle includes system concept establishment, design, development, production, distribution, operation, maintenance, retirement, and disposal.

- **임무는 고객 목적을 달성하기 위해 부여된 주요 활동이다.**

  Mission is a major activity assigned to achieve the goal of a customer.

- **운영개념은 이해관계자의 기대를 충족하기 위해 생명주기 동안 시스템이 어떻게 운영되는지 다룬다.**

  Concept of operation deals with how the system operates during its life cycle to meet stakeholder expectations.

- **요구조건은 동의된 요구, 희망사항, 요구사항, 역량, 허용범위, 제약 등에 대해서 정량화된 수치로 기술된 서술이다.**

  Requirement is a statement written in quantifiable numbers about agreed needs, wishes, requirements, capabilities, tolerances, and constraints.

- **사양서는 시스템 아키텍처의 구성요소에 대한 요구조건, 설계, 운영, 특성 등을 기술하는 문서이다.**

  Specification is a document that describes the requirements, design, operation, characteristics of the components of the system architecture.

- **Verification은 제품이 요구조건을 충족하는지 확인하는 것이고, Validation은 제품이 고객 기대를 충족하는지 확인하는 것이다.**

  Verification is checking whether the product meets requirements, and validation is checking whether the product meets customer expectations.

- **Hazard는 해를 끼칠 가능성을 의미하고, Risk는 위험가능성 뿐 아니라 시나리오에 근거한 불리한 결과의 심각성을 함께 포함한다.**

  Hazard means the potential for harm, and Risk includes the likelihood of harm as well as the severity of adverse outcomes based on the scenario.

- **Fault는 결함(또는 분손)을 의미하고, Failure는 불능상황(또는 전손)을 의미한다.**

  Fault means the defect(or partial loss), and Failure means the inability(or total loss).

- **IPT는 수평적 의사결정 프로세스에 기반한 상위레벨의 협의체이고, WG은 IPT의 하위개념으로 특정 주제나 제품에 대한 전문성을 갖춘 인력으로 구성된다.**

  IPT is a high-level consultative body based on a horizontal decision-making process, and WG is a sub-concept of IPT and is composed of personnel with expertise in specific topics or products.

- **PBS는 프로젝트의 최종제품을 계층적으로 분해 해 놓은 것이고, WBS는 최종제품을 생성하기 위해 프로젝트 팀이 수행하는 작업을 계층적으로 분해한 것이다.**

  PBS is a hierarchical decomposition of the final product of the project, and WBS is a hierarchical decomposition of the work to be executed by the project team to develop the final products.

제 7 장

시스템 설계

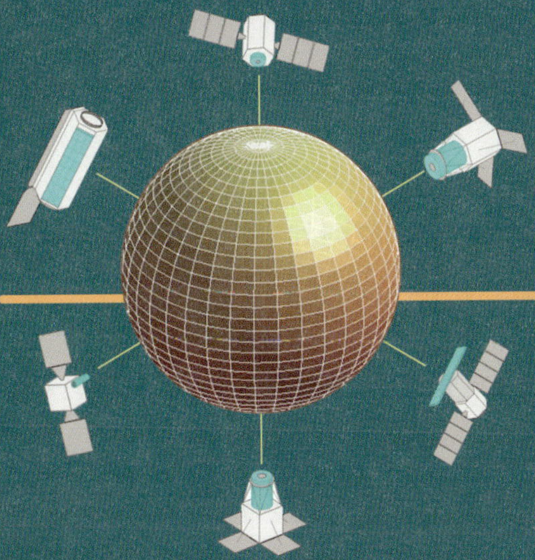

7.1 NR-ND 원칙

7.2 시스템설계 프로세스

7.3 요구조건 분석

7.4 요구조건 분석 예제

7.5 사양서 트리

7.1 NR-ND 원칙

시스템 엔지니어링에 'No Requirement, No Design' 원칙이 있는데, "요구조건이 없으면 설계하지 않는다"는 의미입니다. 요구한 것이 없는데, 설계 활동을 하는 것은 경제논리 측면에서 시스템 자원을 불필요하게 낭비한 것입니다. 뿐만 아니라 설계 이후 시스템의 구현, 통합, 시험, 운영, 유지, 폐기 등 시스템 생명주기 동안 자원을 지속적으로 소진하게 됩니다. 시스템의 임무 수행을 위해 추가적인 설계가 필요하다고 판단되면 조기에 해당 요구조건을 구체화하는 것이 중요합니다.

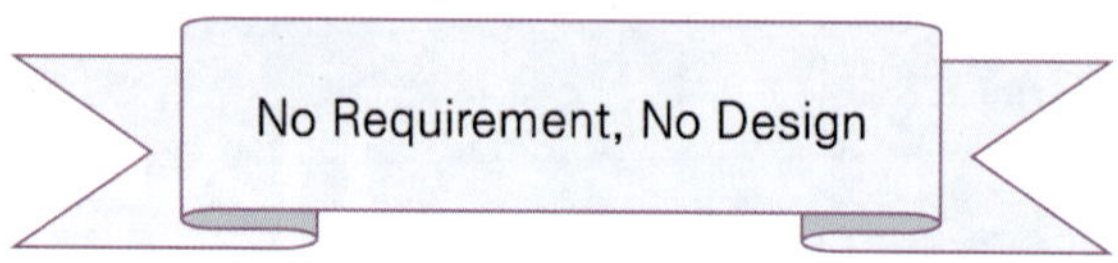

그림 7.1 NR-ND 원칙

7.2 시스템설계 프로세스

그림 7.2와 같이 시스템설계 프로세스는 사용자 기대치(user expectation)로부터 임무 목표(mission objective)와 임무 요구조건(mission requirements)을 정의하는 것에서 시작합니다. 최상위요구조건(high-level requirements)을 식별한 후 시스템을 기능적, 논리적으로 분해(decomposition)합니다. 절충연구(trade-off study)를 수행하여 운영개념(concept of operation), 시스템 아키텍처(system architecture), 하위레벨 요구조건 할당(requirements allocation to lower level), 접속(interface), 제약사항(constraints) 등을 정의합니다. 마지막으로 시스템 기능 및 성능에 대한 해석(analysis)을 수행합니다.

이와 같은 분해, 절충연구, 해석 과정은 하향방식으로 최상위레벨에서 최하위레벨까지 반복해서 적용됩니다. 모든 레벨에 대한 설계가 완료되면 해당 솔루션이 운영(operable) 가능하고, 구현(implementable) 가능하고, 검증(verifiable) 가능한지 최종 평가합니다. 평가 결과가 만족되면 시스템설계 프로세스가 종료되고 최종 결과물로 사양서, 접속요구서, 도면 등 설계문서(design documents)가 도출됩니다. 하지만 불만족 시 절충연구, 해석 과정을 반복하거나 또는 사용자 기대치를 변경합니다.

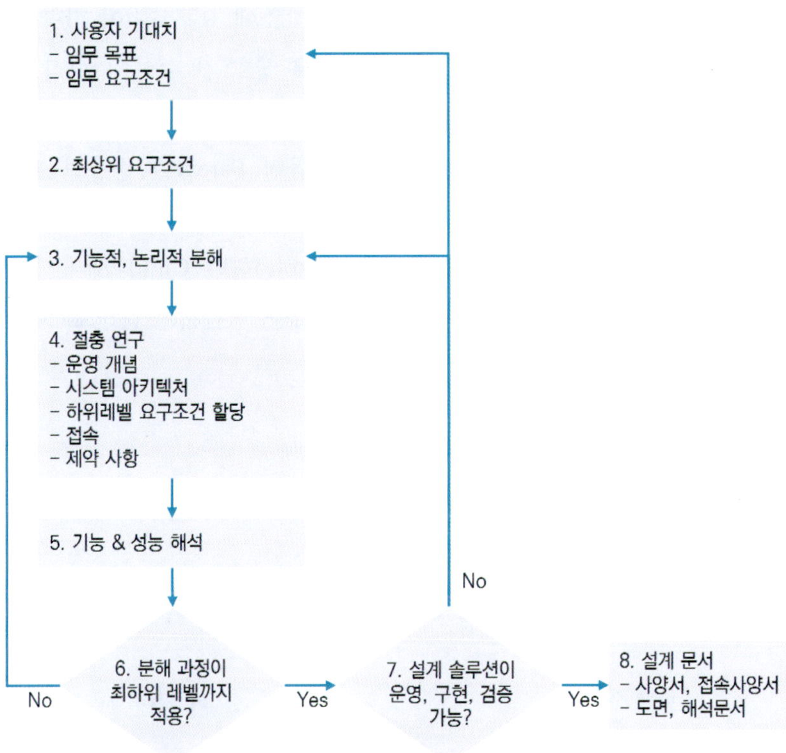

그림 7.2 시스템설계 프로세스

7.3 요구조건 분석

요구조건은 무엇(what)을 달성해야 하는지, 얼마나 잘(how well) 충족하는지, 제약조건(constraints)이 무엇인지 등에 대해 기술한 문장입니다. 요구조건은 문제공간(problem space)에 기술되며 계약적 구속력(contractual binding)을 가지는데, 시스템 엔지니어링에 기술적 소통(technical communication)을 위한 핵심 수단의 역할을 합니다.

올바른 요구조건이 되기 위해서 완전성(completeness), 호환성(compatibility), 정확성(correctness)을 갖추어야 합니다. 이를 확인하기 위해 요구조건 검사(requirements validation)를 수행하는데, 시스템설계 요구사항이 올바르게 정의되었는지, 의도한 바를 의미하는지, 상위·하위레벨 요구조건 일관성(consistency)을 유지하는지 등을 점검합니다. 요약하면 요구조건 검사는 설계단계에서 수행되는 반면, 요구조건 검증(requirements verification)은 시험단계에서 수행됩니다.

시스템설계를 통해 시스템 아키텍처의 모든 구성요소에 요구조건이 할당됩니다. 설계가 완료되면 계층구조가 완성되어 모든 요구조건은 상호 간 수식·수평적 관계를 형성합니다. 그림 7.3과 같이 이것은 마치 가족 관계(family) 형성과 유사한데, 상위레벨 요구조건을 Parent, 하위레벨 요구조건을 Child, 동일 Parent를 공유한 요구조건을 Peers라고 부릅니다. Parent 요구조건이 불완전(incomplete), 부정확(incorrect), 모호(ambiguous), 상충(conflicting), 검증불가(unverifiable)하면 Child 세대 요구조건은 점차적으로 악화될 수 있습니다. 요구조건의 상호 계층적 관계는 문서로 정리하여 공유됩니다.

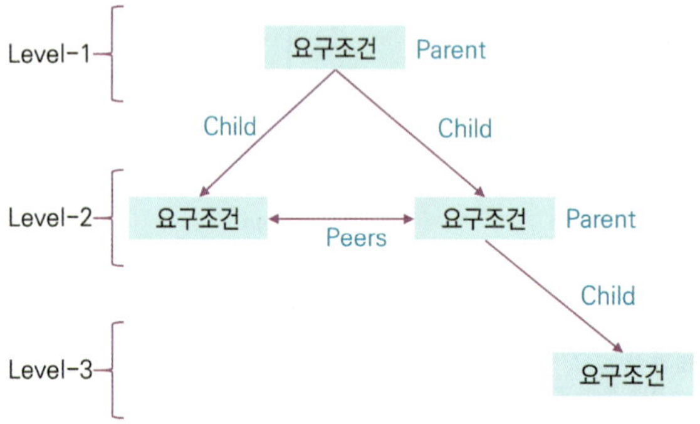

그림 7.3 요구조건 Parent-Child-Peers 관계

여기서 주의할 점은 Parent가 없는 요구조건이 존재하는 계층구조를 만들면 안 됩니다. 이 경우 할당받지 않은 불필요한 요구조건에 대해 설계, 시험, 검증, 운영 등의 업무를 수행하게 되고 결국 프로젝트 수행에 일정, 인력, 비용 등 시스템 자원을 낭비하는 결과를 초래합니다. 그림 7.4와 같이 이미 지급하기로 합의한 비용이지만 아직 지급되지 않은 비용을 약정비용(costs committed), 이에 반해 자원에 실제 지급된 비용을 발생비용(costs incurred)이라고 부릅니다. 요구조건 생성단계에서 발생비용은 없지만 이미 약정비용이 발생했다고 볼 수 있습니다.

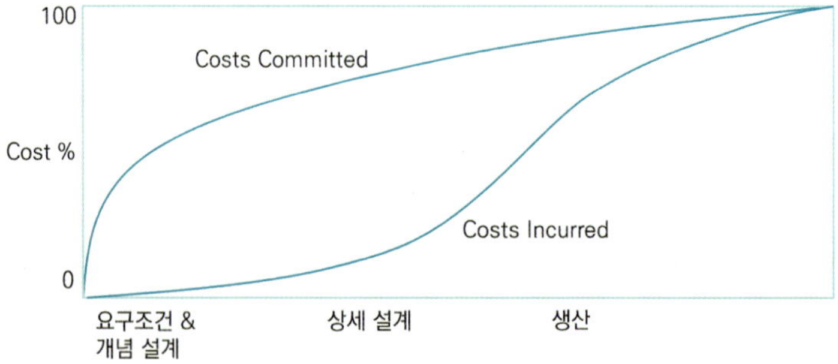

그림 7.4 약정비용과 발생비용

7.2.1 요구조건 유형

그림 7.5와 같이 요구조건에 3가지 유형이 존재하는데, 바로 기능적, 성능적, 제약적 요구조건입니다.

기능적 요구조건(functional requirements)은 어떤 기능(what kind of function)을 수행해야 하는지 정의합니다. 예를 들면 "달탐사선의 VHF대역 통신장비는 지상국과 양방향 통신이 가능해야 한다"가 있습니다.

성능적 요구조건(performance requirements)은 해당 기능을 얼마나 잘(how well) 수행해야 하는지 정량적으로 정의합니다. 예를 들면 "달탐사선의 S대역 통신장비는 원격측정 데이터를 1.6kbps의 데이터 속도로 지상국에 전송해야 한다"가 있습니다.

제약적 요구조건(constraint requirements)은 운영(operational), 환경(environmental), 안전(safety), 규제(regulatory) 등에 대한 제약 사항을 정의합니다. 예를 들면 "달탐사선의 VHF내역 통신장비는 ITU에서 할당한 주파수 대역 50~300MHz 범위 내에서 동작해야 한다"가 있습니다. ※ITU: 국제전기통신연합(International Telecommunication Union)

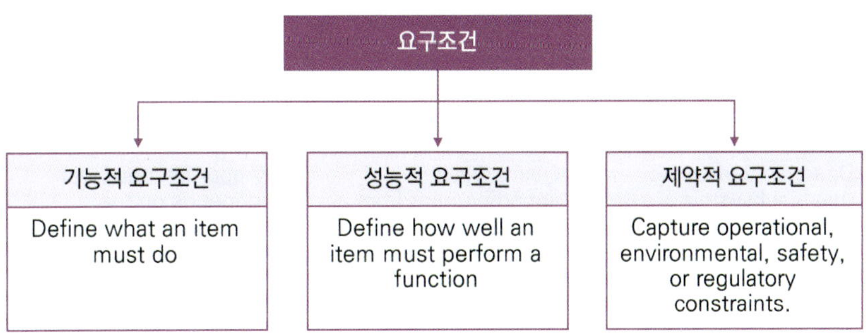

그림 7.5 요구조건 유형

7.2.2 요구조건 분해

상위레벨로부터 하위레벨 요구조건을 생성하는 것을 요구조건 분해(breakdown 또는 decomposition)라고 합니다. 그림 7.6과 같이 요구조건 분해에 3가지 방법이 있는데, 바로 할당, 분할, 유도입니다.

할당(Flowdown)은 상위레벨 요구조건을 동일하게 하위레벨로 할당하는 것입니다. 예들 들어 [위성 본체는 궤도 온도조건 −30°C~+60°C에서 동작해야 한다]라는 상위레벨 요구조건을 위성 본체 외부에 장착되어 온도조건이 위성 본체와 동일한 도킹부(docking part), 도킹레이더(docking radar)에 그대로 할당하는 상황입니다. 이 경우 하위레벨 요구조건은 "도킹부는 -30°C~+60°C에서 동작해야 한다. 도킹레이더는 -30°C~+60°C에서 동작해야 한다."와 같습니다.

분할(Allocation)은 상위레벨 요구조건을 하위레벨로 분해할 때 측정단위를 동일하게 유지하며 양적배분을 하는 것입니다. 예를 들어 "위성 본체의 최대 중량은 1ton을 초과하지 않는다"라는 상위레벨 요구조건을 위성 본체를 구성하는 도킹시스템(docking system), 추진시스템(propulsion system)에 분할하는 상황입니다. 이 경우 하위레벨 요구조건은 "도킹시스템의 최대 중량은 100kg을 초과하지 않는다. 추진시스템의 최대 중량은 50kg을 초과하지 않는다."와 같습니다.

유도(Derivation)는 구현 방식에 따라 설계·해석에 특화되어 하위레벨 요구조건이 유도됩니다. 예를 들어 "위성 본체의 총 Delta Burn 속도는 10m/sec을 만족해야 한다"라는 상위레벨 요구조건을 충족하기 위해 추력기의 종류, 추력 성능, 추진제, 추력 제어 방식 등을 설계해야 합니다. Derivation은 이론 유도, 시뮬레이션 검증, 프로토타입 제작 등 노력이 가장 많이 요구되는 요구조건 분해방법입니다.

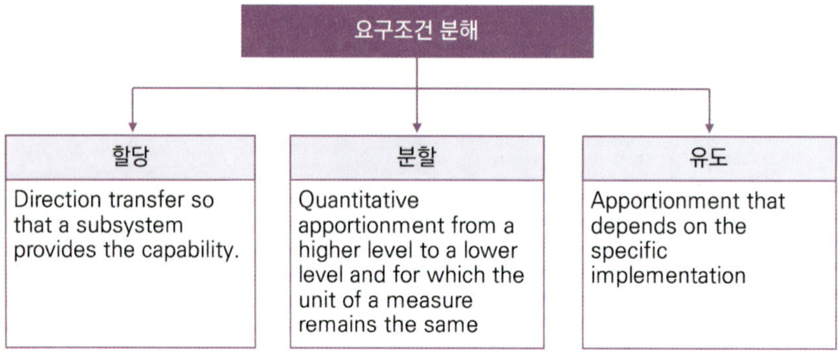

그림 7.6 요구조건 분해방법

7.4 요구조건 분석 예제

7.4.1 아폴로 프로그램

아폴로 프로그램의 임무목표는 '1970년 이전 인류의 달 착륙'으로 냉전시대에 미국이 구소련보다 먼저 달에 성조기를 꽂는 것이었습니다.

그림 7.7과 같이 아폴로 시스템은 발사부(launch), 임무관제부(mission control), 비행부(flight), 지상네트워크부(ground network), 회수부(recovery) 등의 부시스템

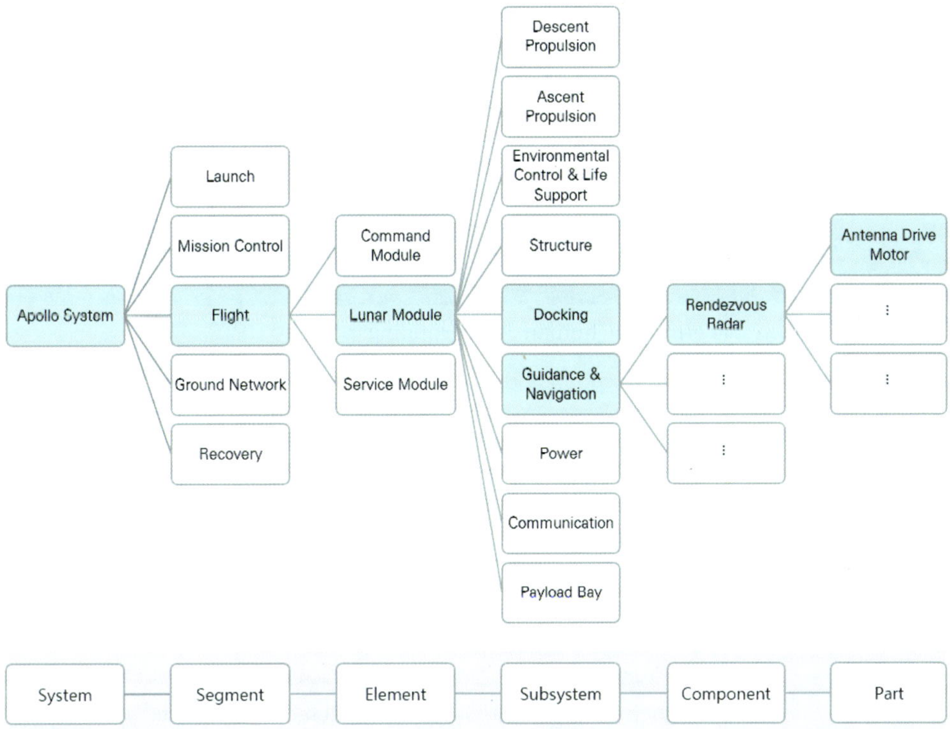

그림 7.7 아폴로 시스템의 아키텍처 예

(segment)으로 구성되며, 특히 비행부는 사령선(CM, Command Module), 달착륙선(LM, Lunar Module), 임무지원선(SM, Service Module) 등의 개발요소(element)를 가집니다. 달착륙선을 구성하는 서브시스템(subsystem)에는 하강추진계(descent propulsion), 상승추진계(ascent propulsion), 환경제어·생명유지계(environmental control & life support), 구조계(structure), 도킹계(docking), 유도항법계(guidance & navigation), 전력계(power), 통신계(communication), 탑재계(payload bay) 등이 있습니다. 유도항법계의 구성품 중 랑데부레이더(rendezvous radar)가 있고, 랑데부레이더의 부품(part) 중 안테나구동모터(antenna drive motor)가 있습니다.

요구조건 분석을 통해 임무목표가 하위레벨(시스템, 부시스템, 개발요소, 서브시스템, 구성품, 부품)로 어떻게 분해되었을까요?

임무목표인 '1970년 이전 인간의 달 착륙'은 하위레벨로 요구조건이 분해되는데, 예를 들어, 시스템 레벨은 '80 파운드의 달 암석과 토양 샘플을 오염 없이 지구로 가져와야 한다', 부시스템 레벨은 '비행부는 달 천이 궤도 진입 시 허용 중량 40823kg를 충족해야 한다', 개발요소 레벨은 '달착륙선은 달 햇빛 영역에서 최대 45시간 동작해야 한다', 서브시스템 레벨은 '도킹계는 한 명의 승무원이 사령선 지원 없이 도킹할 수 있어야 한다', 구성품 레벨은 '랑데부레이더는 이격거리 5ft~400mil에서 ±1% 정확도로 사령선을 추적해야 한다', 부품 레벨은 '안테나구동모터는 전체 동작 범위에서 최대 7deg/sec의 속도로 안테나를 구동해야 한다' 등으로 식별되었습니다.

표 7.1 아폴로 시스템의 요구조건 예

Level	Hierarchy	Requirement	Completion Milestone
0	Mission	Perform a human lunar landing prior to 1970	-
1	System	Return 80 pounds of lunar rock and soil samples to Earth without contamination these samples	Phase A
2	Segment	The Flight Segment shall have a mass of no more than 40,823kg at injection into lunar transfer trajectory.	Phase A
3	Element	The Lunar Module shall be capable of 45hours of operations on the lunar sunlight side surface.	Phase A
4	Subsystem	The Lunar Module Docking Subsystem shall be designed to permit a single crew member to effect an unassisted docking with the Command Module in lunar orbit.	Phase B/C
5	Component	The Lunar Module Rendezvous Radar shall be capable of tracking the Command Module from a minimum distance of 5feet and a maximum distance of 400nautical miles, with an accuracy of ±1%.	Phase B/C
6	Part	The Rendezvous Radar Antenna Drive Motors shall be able to move the antenna across its full range of motion at rate of up to 7deg/sec.	Phase B/C

7.4.2 공간위치정확도

그림 7.8과 같이 사용자요구조건이 위성기반 영상을 이용하여 1:50000 축척을 가지는 지도를 제작하는 것이라고 가정하겠습니다. 사용자요구에 따라 위성 개발자는 시스템 아키텍처를 정의하고 설계를 통해 각 레벨에 대한 요구조건을 도출하고 사양서를 생성합니다. 1:50000 축척 성능을 충족하기 위해 여러 가지 성능지표가 요구되는데, 그 중에 대표적인 공간위치정확도(geolocation accuracy) 요구조건 분석 예를 살펴보겠습니다.

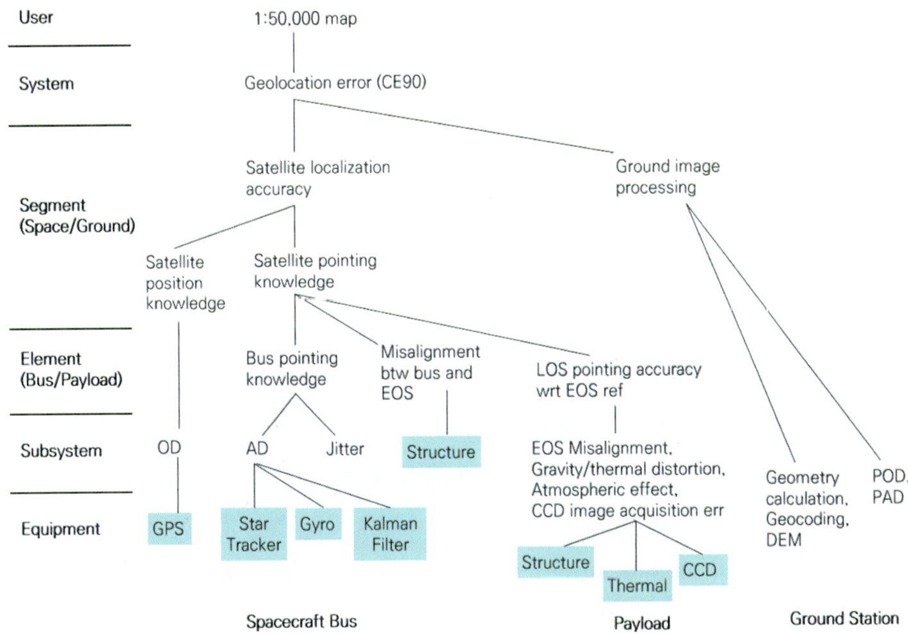

그림 7.8 공간위치정확도 요구조건 분석 예

시스템(system)은 사용자요구조건으로부터 공간위치정확도를 도출하고 위성인식정밀도(satellite localization accuracy)와 지상영상처리정밀도(ground image processing accuracy)로 분해하여 각각 위성체와 지상체로 할당합니다.

위성체(space segment)는 위성인식정밀도를 위성위치인식오차(satellite position knowledge), 위성지향인식오차(satellite pointing knowledge), 본체지향인식오차(bus pointing knowledge), 본체·탑재체오정렬(misalignment between bus & payload), 탑재체지향정밀도(payload pointing accuracy)로 분해하여 위성 본체와 탑재체로 할당합니다.

위성 본체(spacecraft bus element)는 할당받은 요구조건을 궤도결정(orbit determination), 자세결정(attitude determination), 미소진동(jitter), 구조변형(structural deformation) 등으로 분해하여 위성 본체 서브시스템으로 할당합니다.

자세제어계(ACS)는 자세결정오차를 별추적기, 자이로, 칼만필터(kalman filter) 등으로 분해하여 조립품시양서에 할당합니다.

탑재체(payload element)는 할당받은 요구조건을 전자광학오정렬, 중력변형, 열변형, CCD 오차 등으로 분해하여 탑재체 서브시스템으로 할당합니다.

지상체(ground segment)는 지상영상처리정밀도를 기하연산(geometry calculation),

지오코딩(geocoding), 디지털고도모델(DEM, Digital Elevation Model), 정밀자세결정(PAD, Precision Attitude Determination), 정밀궤도결정(POD, Precision Orbit Determination) 등으로 분해하여 지상체 하부 시스템으로 할당합니다.

7.5 사양서 트리

시스템 아키텍처 구성요소에 대한 설계를 통해 도출된 사양서는 계층적 형태로 정리되는데, 이것을 사양서 트리(specification tree)라고 부릅니다. 그림 7.8과 같이 사양서 트리의 최상위에는 사용자요구서(user requirements document)가 존재하고 그 아래에 시스템요구서(system requirements document), 시스템사양서(system specification), 위성체사양서(satellite specification), 지상체사양서(ground station specification), 발사체접속요구서(launch vehicle interface requirements document) 등이 있습

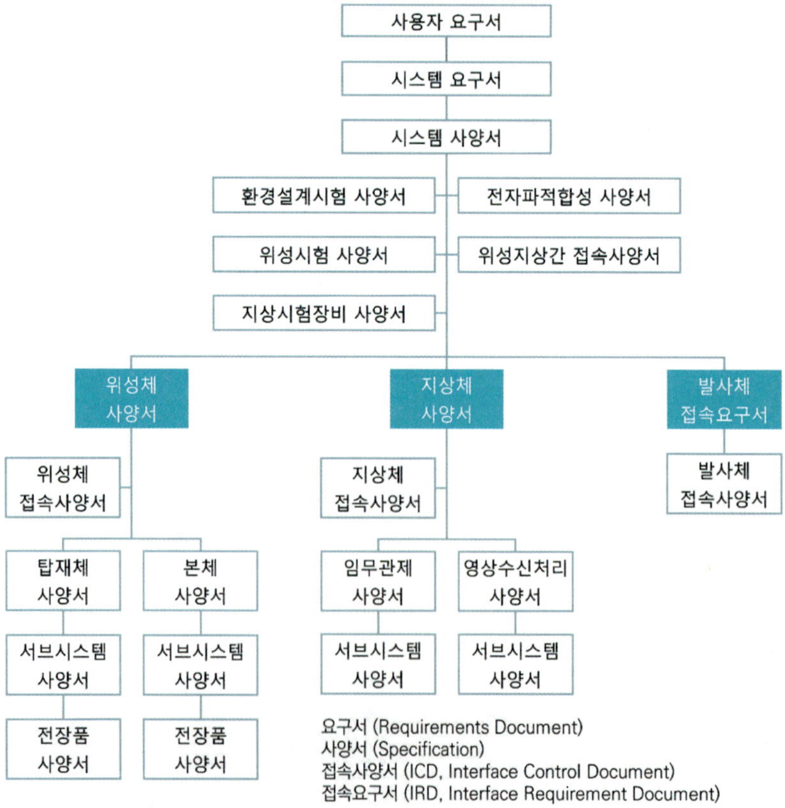

그림 7.9 사양서 트리

니다. 사양서 트리의 최하위에 별추적기, 자이로, 반작용휠 등 조립품사양서(equipment specification)가 있습니다.

그림 7.10과 같이 사용자요구서, 시스템운영개념서, 시스템요구서는 시스템요구조건검토(SRR) 수행 전까지, 시스템사양서와 사양서 트리는 시스템설계검토(SDR) 수행 전까지, 부시스템 이하 모든 사양서는 상세설계검토(CDR) 수행 전까지 최종화되어야 합니다.

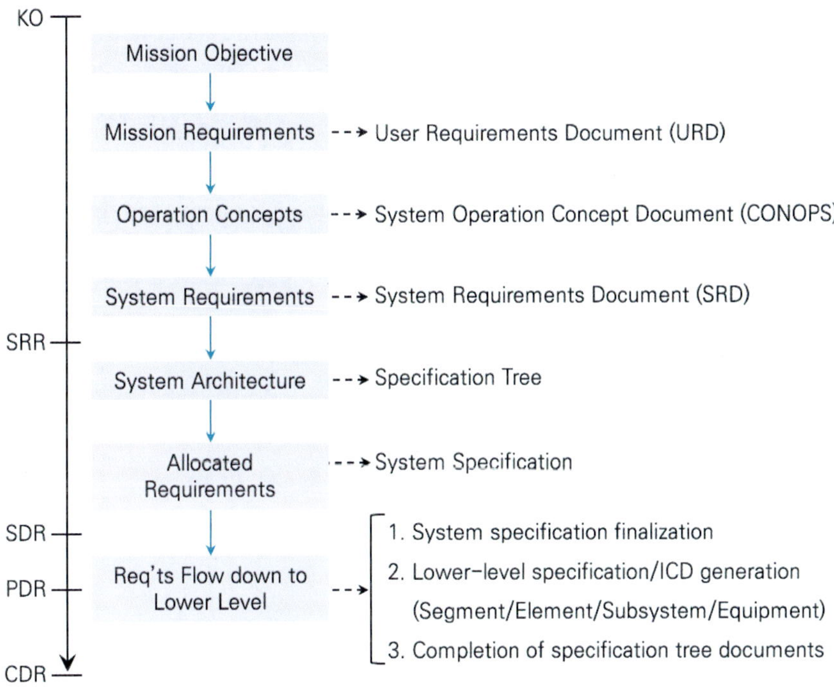

그림 7.10 요구서 및 사양서 완성 시기

핵심사항 요약

- **'No Requirement, No Design'은 요구조건이 없으면 설계하지 않는다는 원칙이다.**

  The 'No Requirement, No Design' is the principle of not designing if there are no requirements.

- **요구조건은 무엇을 달성해야 하는지, 얼마나 잘 충족하는지, 제약조건이 무엇인지 등에 대해 기술한 문장으로 완전성, 호환성, 정확성을 갖춰야 한다**

  Requirements are statements that describe what needs to be achieved, how well they are met, what the constraints are, and must be complete, compatible, and accurate.

- **요구조건의 유형은 기능요구조건, 성능요구조건, 제약요구조건이 있다.**

  Types of requirements include functional requirements, performance requirements, and constraint requirements.

- **요구조건 분해 방법은 할당, 분할, 유도가 있다.**

  Requirement breakdown(or decomposition) methods include flowdown, allocation, and derivation.

제 8 장

시스템 검증

8.1 NT-NO 원칙

8.2 제품실현 프로세스

8.3 검증 활동

8.4 검증 도구

8.5 인증시험과 수락시험

8.6 검증 문서

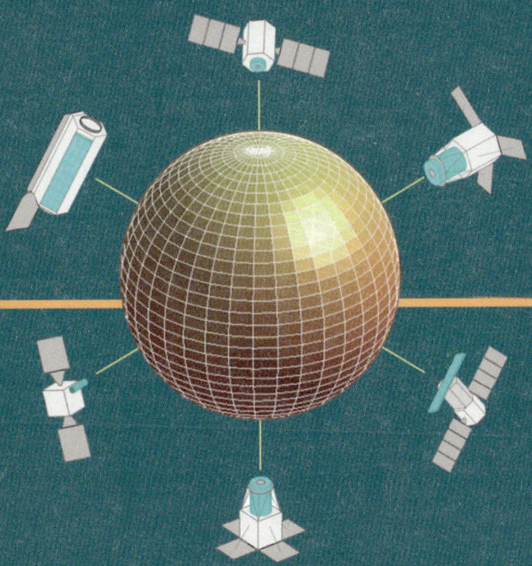

8.1 NT-NO 원칙

설계 프로세스에 'No Requirement, No Design' 원칙이 있다면 검증 프로세스에 'No Test, No Operation' 원칙이 있는데, "시험하지 않으면 운영하지 않는다"는 의미입니다. 위성 운영에 필요한 모든 기능은 지상시험을 통해 검증이 되어야 합니다. 지상에서 시험하지 않고 위성발사 후 궤도에서 처음 운영하여 문제가 발생하면 해당 구성품의 오동작을 유발할 뿐 아니라 전기·기계적으로 접속하는 다른 구성요소까지 오류를 전파하게 됩니다. 발사 후 운영절차를 변경하거나 새로운 운영개념을 추가할 경우 반드시 지상 모사환경에서 사전 시험 후 위성 운영에 적용하는 것이 중요합니다.

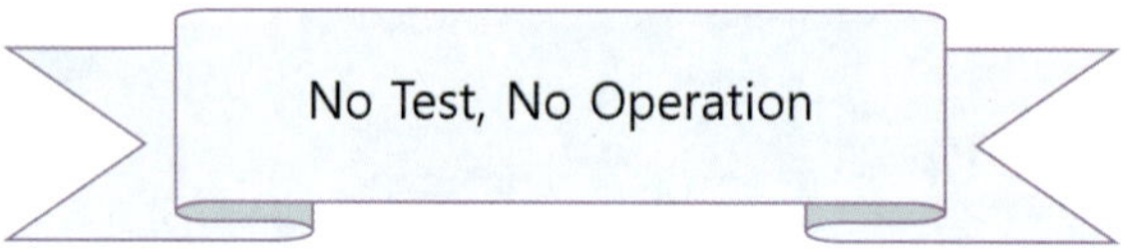

그림 8.1 NT-NO 원칙

8.2 제품실현 프로세스

제품실현 프로세스의 목적은 시스템설계 프로세스의 결과를 실현하고 구현된 제품을 평가하는 것으로 그림 8.2와 같이 설계실현 과정과 제품평가 과정으로 구성됩니다.

설계실현(design realization) 과정에는 구성품구현(sub-product implementation)과 제품통합(product integration) 활동이 수행됩니다. 구성품을 구현하는 방법은 구매(buying), 제작(making), 재사용(reuse)이 있습니다. 제품통합을 위해 구성품검사(sub-product validation), 조립·통합(assembly & integration) 활동이 수행됩니다.

2012년 SpaceX사 Falcon-9 발사체의 재사용 시험이 한창이었는데, 푸른 잔디밭을 깡충(jumping) 뛰어다니는 메뚜기에 착안해 당시 개발 중이던 로켓을 Grasshopper라고 불렀습니다. 당시 SpaceX사 영업담당자는 발사한 로켓을 수거하여 10회 이상 재사용하여 발사비용을 획기적으로 절감 가능하다고 홍보했습니다. 세계의 많은 위성 개발자들은 세상에 없던 도전적인 계획에 의구심을 품었는데, 특히 신뢰도에 대해 문제를 제기했습니다. 하지만 SpaceX사는 전혀 당황하지 않고 대답합니다. "비행기 탑승 전에 기장(pilot)에게 이 기체가 몇 번째 비행인지, 얼마나 재사용했는지 궁금해하는 사람은 한 명도 없다. 발사체의 신뢰도를 사람이 타는 항공기 수준으로 올려서 재사용에 전혀 문제없도록 하겠다." 현재 SpaceX사는 Falcon-9 발사체 1단 로켓을 발사 후 수거해 20회 이상 재사용하고 있습니다.

제품평가(product evaluation) 과정에는 제품검증(product verification)과 제품검사(product validation) 활동이 수행됩니다. 발사 전 제품검증을 위해 기능시험(functional test), 우주환경시험(environmental test), 지상통합운영시험(operational test in I&T) 등이 수행됩니다. 발사 후 제품검사를 위해 궤도운영시험(operational test in orbit) 활동이 수행됩니다.

설계실현과 제품평가 과정은 상향식(bottom-up) 방식을 적용하여 PBS의 최하위레벨에서 최상위레벨까지, 모든 구성요소의 실현이 완성될 때까지 반복됩니다. 모든 반복 과정이 완료되면 제품실현 프로세스가 종료되는데, 최종결과물로 하드웨어, 소프트웨어, 문서 등이 도출됩니다.

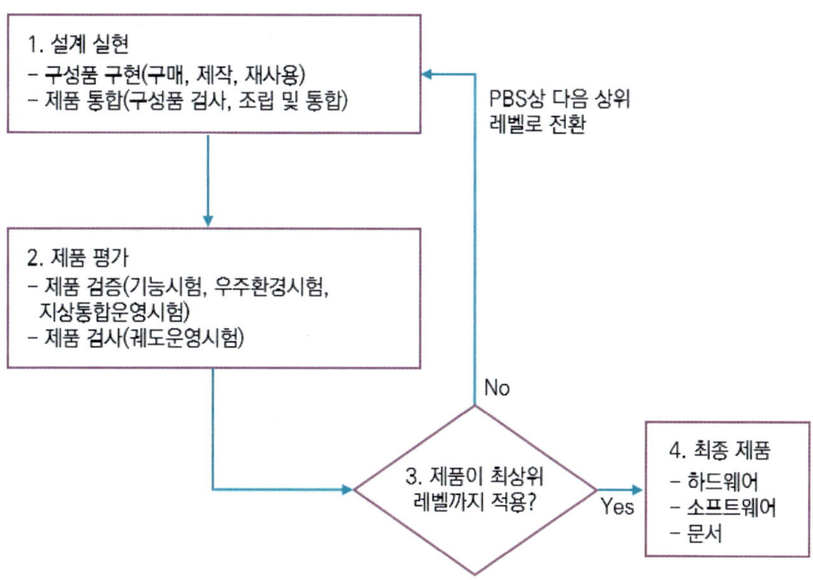

그림 8.2 제품실현 프로세스

8.3 검증 활동

8.3.1 검증 목표

시스템검증의 목표는 무엇일까요?

첫째, 설계의 유효성과 성능을 확인하는 것입니다.

둘째, 제작된 제품이 적격설계(qualified design)와 일치하고 제작상 결함(workmanship defects)이 없는지 확인하는 것입니다.

셋째, 우주시스템뿐 아니라 개발에 사용된 도구(tools), 절차(procedures), 자원(resources) 등이 임무 요구조건을 충족하는지 확인하는 것입니다.

넷째, 프로젝트 수명주기의 주요단계별 제품의 무결성(integrity)과 성능을 확인하는 것입니다.

8.3.2 검증 원칙

시스템검증의 원칙은 무엇일까요?

첫째, 요구조건을 정의한 엔지니어가 검증에 대한 책임을 가집니다. 설계 엔지니어와 검증 엔지니어가 동일하지 않을 수 있지만 설계 엔지니어는 해당 요구조건의 검증 결과를 최종 확인하고 관리해야 하는 의무를 가집니다.

둘째, 검증활동은 계획된 후 실행되어야 합니다. 요구조건이 검증 가능한지, 어떻게 검증할지, 누가 검증할지 등 요구조건을 정의하는 설계단계에서 사전 정의하는 것이 중요합니다.

셋째, 검증활동은 추적(traceable) 가능해야 합니다. 요구조건 검증과 관련된 계획 수립, 계획서 작성, 절차서 작성, 형상 관리, 검증 실행, 보고서 작성 등 모든 활동은 추적관리되어야 합니다.

8.3.3 검증 절차

시스템검증의 절차는 무엇일까요?

1단계, 검증할 요구조건을 식별하고 분류합니다.

2단계, 검증 방법(method), 수준(level), 단계(phase)에 적합한 기준(criteria)과 적용할 검증모델을 선택합니다.

3단계, 검증활동에 대한 계획을 수립합니다.
4단계, 검증계획에 대해서 고객 동의를 획득합니다.
5단계, 검증활동과 관련된 문서를 구성합니다.
6단계, 검증업무를 수행하고 검증활동 통제를 수행합니다.
7단계, 검증활동 통제를 완료하고 검증결과를 정리합니다.
8단계, 검증결과물에 대한 고객검토와 최종승인을 획득합니다.

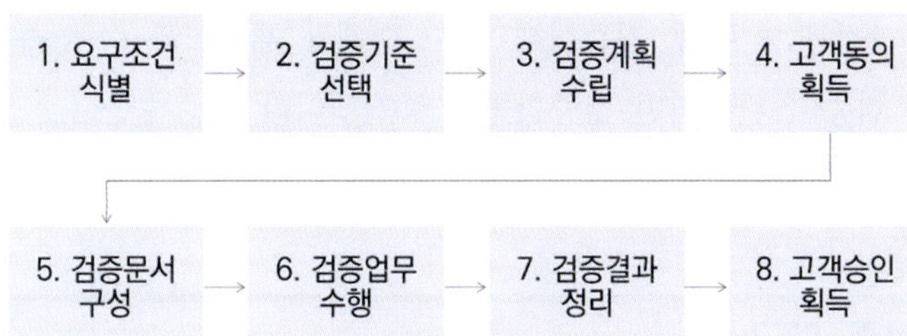

그림 8.3 시스템검증 절차

그림 8.4와 같이 검증 프로세스의 주요 활동은 검증계획수립(verification planning), 검증실행·보고(verification execution & reporting), 검증통제·종결(verification control & closeout) 순서로 진행됩니다.

검증계획수립 단계는 제품 요구조건을 입력받아 검증통제문서(verifications control document)와 검증계획서(verification plan)를 생성하는데, 제품 개발자뿐 아니라 고객이 함께 참여합니다. 검증계획서는 제품이 요구조건을 충족하는지 확인하기 위한 목표, 방법, 일정, 책임, 자원 등이 기술됩니다. 이에 반해 검증통제문서는 검증계획서에

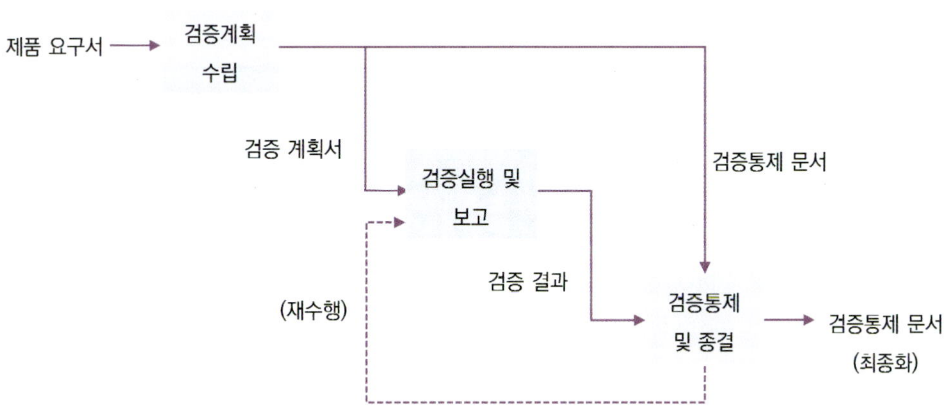

그림 8.4 검증 프로세스 활동

정의된 검증 활동을 실행하기 위한 세부 절차, 지침, 기준뿐 아니라 검증활동 중 발생한 불일치(discrepancy), 불만족(non-compliance), 문제(problem) 등을 포함하여 검증활동의 결과를 문서화합니다.

검증실행·보고 단계는 제품 개발자가 검증계획서에 입각하여 검증 활동을 수행하고 결과를 생성합니다.

검증통제·종결 단계는 검증결과를 평가하여 검증통제문서를 최종화합니다.

만약 검증결과에 문제가 발생하면 검증통제협의체(verification control board)를 통해 수정·보완 과정을 거친 후 검증실행·보고 단계로 재진입할 수 있습니다. 모든 요구조건에 대한 검증이 완결되면 검증활동은 종결됩니다.

8.4 검증 도구

대표적인 검증 도구는 요구조건검증표, 요구조건추적표, 하드웨어 검증시험표가 있습니다.

8.4.1 요구조건검증표

요구조건검증표(RVM, Requirements Verification Matrix)은 요구조건에 대한 검증전략을 요약하는데 검증활동 계획, 검증결과 예측, 검증결과 보고에 사용됩니다. RVM에 대한 책임과 권한은 사양서를 작성하는 엔지니어가 가집니다. 프로그램 레벨에서 시스템 전체 RVM에 대한 추적·관리는 시스템 엔지니어에 의해서 수행됩니다.

표 8.1 RVM 예

ID	Requirement	Level	Method					
			Developme	Qualificati	Proto-flight	Acceptance	Pre-launch	In-orbit
SYS-00100	Geolocation error (CE90)<10m	System	A					
SA-00300	Satellite position knowledge<5m	Segment(Satellite)	A					
BUS-01000	Bus pointing knowledge<0.001deg	Element(Bus)	A					
ST-005000	Star tracker bias error<3arcsec	Unit(Star Tracker)	A			T		

RVM은 요구조건 식별번호, 요구조건 내용, 검증레벨(level), 검증단계(phase), 검증방법(method) 등의 정보가 포함됩니다.

검증레벨은 부품(part), 하부조립품(subassembly), 유닛(unit), 하부시스템(subsystem), 개발요소(element), 부문(segment), 시스템(system) 등 다양한 형태를 포함합니

표 8.2 검증레벨 분류

Level	Description
Part (파트)	• 단일 또는 다수 피스(piece)로 연결된 부품 • 일반적으로 제품 손상 또는 파괴 없이 분해 불가
Subassembly (서브어셈블리)	• 분해 또는 부품 교체가 가능한 다수의 부품으로 구성
Unit (유닛)	• 제조, 유지 관리, 기록 보관을 목적으로 완전하고 독립된 개체로 간주되는 기능 항목
Subsystem (서브시스템)	• 기능적으로 관련된 유닛/컴포넌트의 집합체 • 두 개 이상의 유닛/컴포넌트 요소로 구성되며 케이블, 튜브, 지지구조물 등을 포함 가능
Segment/Element (세그먼트/엘리먼트)	• 세그먼트는 독립된 검증 절차가 존재하며 다수의 엘리먼트로 구성 • 세그먼트 간의 인터페이스는 시스템 레벨 테스트에서 검증
System (시스템)	• 운영 역할을 수행하거나 지원할 수 있는 장치, 기술 및 기법의 집합체 • 운영 장비, 관련 시설, 자재, 소프트웨어, 서비스, 인력을 포함

표 8.3 검증단계 분류

Phase	Description
Development (개발 단계)	• 인증모델과 비행모델 제작 전, 시스템을 설계하고 구현하여 임무목표 달성 여부 확인
Qualification (인증 단계)	• 설계가 허용 마진 범위에서 요구조건을 충족하는지 인증 • 인증시험을 통해 설계, 제작 공정, 수락 계획이 제품 사양서의 요구조건을 충족하는지 확인
Proto-flight (준비행 단계)	• 일부 설계변경이 있는 제품(partially recurring item)에 대해서 허용 설계마진 범위에서 요구조건을 충족하는지 확인
Acceptance (수락 단계)	• 제품이 제작상 결함(workmanship defect) 및 통합 오류가 없으며 의도된 용도내로 사용 가능한지 확인
Pre-launch (발사전 단계)	• 발사 전, 제품이 적절하게 통합되었는지 최종 확인
In-orbit (궤도내 단계)	• 발사 후, 임무궤도 환경에서 검증이 필요한 품목에 대해서 유효 • 지상에서 운용환경을 모사를 할 수 없는 경우 발사 후 추가 시험을 통해 지상검증 활동을 보완

다. 검증단계에는 개발(development), 인증(qualification), 준비행(proto-flight), 수락(acceptance), 발사전(pre-launch), 궤도내(in-orbit) 등이 있습니다. 검증방법으로는 검사(I, Inspection), 분석(A, Analysis), 시험(T, Test), 시연(D, Demonstration), 유사성(S, Similarity) 등이 있습니다.

공간위치정확도 요구조건에 대한 RVM 예를 들어보겠습니다. 해당 요구조건의 고유식별번호는 SYS-00100입니다. 요구조건 내용은 '공간위치정확도는 원형오차 90% 기준 10m 이하를 만족한다'입니다. 해당 요구조건에 대한 검증 활동은 System(검증레벨) 엔지니어가 Development(검증단계) 시기에 Analysis(검증방법)를 통해서 수행합니다.

표 8.4 검증방법 분류

Method	Description
Inspection (검사)	• 공차(tolerance), 마감(finish), 식별(identification) 등을 통해 제품의 정성적, 정량적 특성을 육안으로 검사 • 기술 문서 검사를 통한 요구조건 준수 확인
Analysis (분석)	• 수식유도, 수치해석, 모델링 등을 통해 제품의 정량적, 질적 특성과 성능을 확인
Test (시험)	• 시험자원(시험 시설 및 장비)을 기반으로 기술적 수단을 통해 제품의 정량적, 질적 특성과 성능을 확인 • 안전에 민감한 요구조건은 시험 검증이 필수
Demonstration (시연)	• 시험자원을 사용하지 않고 제한된 조건에서 시연을 통해 제품의 정량적, 질적 특성과 성능을 확인
Similarity (유사성)	• 과거 유사한 제품의 형상, 시험 데이터, 운용, 환경조건을 비교하여 정량적, 질적 특성과 성능을 간접적으로 확인 • 유사 제품의 시험보고서, 유사 및 차별 항목 식별, 당위성 등을 포함한 평가 보고서 작성

8.4.2 요구조건추적표

요구조건은 사양서 트리를 기반으로 상위레벨에서 하위레벨로 할당되는데, 요구조건추적표(RTM, Requirements Traceability Matrix)는 이러한 요구조건의 할당관계를 요약합니다. 예를 들어 시스템사양서에 정의된 요구조건 SYS-00100은 위성체사양서 요구조건 SA-00300~00400와 지상체사양서 요구조건 GS-01000으로 할당됩니다.

표 8.5 RTM 예

ID	Parent Requirement	ID	Children Requirement
SYS-00100	Geolocation error (CE90)<10m	SA-00300	Satellite position knowledge<5m
		SA-00400	Satellite pointing knowledge<0.003deg
		GS-01000	Ground imaging processing accuracy <2m

8.4.3 하드웨어 검증시험표

하드웨어 검증시험표(VTM, Verification Test Matrix)는 전장품에 대한 인증시험, 수락시험에 대한 정보를 요약하고 있는데, 하드웨어 레벨, 품명, 사양서, 제조사, 관리 엔지니어, 모델, 개수, 수출규제 여부, 납품 일자, 인증 현황, 제품 카테고리, 시험 수준, 시험 항목 등 내용을 포함합니다.

모델은 개발모델(DM, Development Model), 공학모델(EM, Engineering Model), 인증모델(QM, Qualification Model), 준비행모델(PFM, Proto-Flight Model), 비행모델(FM, Flight Model) 등을 가질 수 있습니다.

제품 카테고리는 설계변경 여부에 따라 A, B, C, D 등의 분류를 가질 수 있는데, 이에 따라 제품에 대한 설계, 시험, 검증, 형상관리 프로그램을 차등하여 적용합니다. 구매를 통해 전장품을 획득할 때 고객은 시스템설계를 통해 전장품 사양서를 작성하여 해외 제조사와 시제품 제작·구매계약을 체결합니다. 이때 계약문서에 제품 카테고리를 명시하는데, A에서 D로 갈수록 해당 제품 계약에 소요되는 비용, 일정, 위험도가 증가하게 됩니다.

예를 들어 표 8.6에서 별추적기는 EQ(Equipment)레벨로 분류되며 비행모델 3기로 구성됩니다. 제품 카테고리는 A로 분류되고 수락시험은 기능시험, 전자파시험, 진동시험, 열진공시험 등이 수행됩니다. 반작용휠은 별추적기와 유사한 방식으로 식별되며 만약 수출규제 대상 품목이면 R(Regulated)로 분류 표시됩니다.

카테고리에 대한 이해도를 높이기 위해 서울에서 부산까지 이동하는 차량 내에서 점심을 해결하기 위한 김밥 만들기 예를 들어보겠습니다.

첫째, 기존 레시피(설계)에 따라 재료 손질, 조리, 롤링, 썰기 등을 적용하여 김밥을 만들 경우 카테고리 A에 해당합니다. 둘째, 김밥을 상온에 단시간(인증 프로그램) 보관하는 대신 햇볕이 내리쬐는 차량 내부에 장시간(사양서 요구조건) 보관하고자 할 경우 카테고리 B에 해당하는데, 덥고 습한 날씨로 식중독 발생 가능성이 없는지 확인(추가 인증시험)이 필요합니다. 셋째, 김밥재료 중 시금치 또는 당근을 빼고 대신 햄 또는 맛살을 추가하고자 할 경우 카테고리 C에 해당하는데, 레시피 수정(설계 변경)에 따른 김밥 롤형태 유지와 식감에 문제가 없는지 검사(추가 또는 전체 인증시험)가 요구됩니다. 마지막으로 평범한 김밥 대신 특이하게 깻잎계란말이 김밥을 만들고자 할 경우 카테고리 D에 해당하는데, 뉴 레시피(새로운 설계) 적용에 따른 전체 과정에 대한 종합적인 검사(전체 인증시험)가 실시되어야 합니다.

표 8.6 하드웨어 VTM 예

Level	Item	Doc Info	Supplier	Responsible Engineer	Model	Number	Export License	Delivery Date	Qualification Status	Product Category	Test Level	Test														
												FUNCTIONAL	EMI/EMC	ACOUSTICS	VIBRATION	STATIC LOADS	SHOCK	THERMAL VACUUM	THERMAL BALANCE	THERMAL CYCLING	PROOF	LEAK	BURN-IN	LIFE-TEST	HOT-FIRE	BAKE-OUT
EQ	Star Tracker	xx-xx-xxx	000	000	FM	3		000	x	A	FM	V	V		V			V								
EQ	Reaction Wheel	xx-xx-xxx	000	000	FM	4	R	000	x	B	FM	V	V		V			V	V	V			V	V		V

표 8.7 모델 분류

Model	Description	
DM (개발모델)	특징	개념을 검증하고 기능을 시연하기 위한 초기 모델(not flight representative)
	구현	상용 또는 비-비행등급(non-flight grade) 부품 사용
	시험	환경시험 생략 가능
	비행	불가(비행 요구조건 미충족)
EM (공학모델)	특징	최종 설계를 시험·검증하기 위한 FM과 유사 모델(flight representative)
	구현	상용 또는 비행등급(flight grade) 부품 사용
	시험	환경시험 생략 가능
	비행	불가(비행 요구조건 미충족)
EQM (공학인증 모델)	특징	최종 설계를 시험·검증하기 위한 FM과 유사 모델(EM과 QM을 동시에 구현하기 위함)
	구현	상용 또는 비행등급(flight-grade) 부품 사용
	시험	전체 인증시험(수락 레벨보다 과도한 환경시험 조건)
	비행	불가(비행 요구조건 미충족)

Model	Description	
QM (인증모델)	특징	환경 및 성능 요구조건 충족여부를 입증하기 위한 FM과 동급 모델
	구현	비행등급 부품 사용
	시험	전체 인증시험(수락 레벨보다 과도한 환경시험 조건)
	비행	미사용(비행 요구조건 충족)
PFM (준비행모델)	특징	FM과 동등 모델(설계·환경조건 변경이 미약하여 QM개발을 생략하는 경우 적용 가능)
	구현	비행등급 부품 사용
	시험	부분 또는 전체 인증시험(수락 레벨을 상회하는 환경시험 조건)
	비행	가능(비행 요구조건 충족)
FM (비행모델)	특징	사양서 요구조건 충족하에 개발된 모델
	구현	비행등급 부품 사용
	시험	수락시험(수락 레벨의 환경시험 조건)
	비행	가능(비행 요구조건 충족)

표 8.8 제품 카테고리 분류

Category	Definition	Description
A	Off-the-shelf Product without Modifications	• 기성품에 설계 변경이 없고(동일한 제조사, 공급업체, 시설, 제조공정, 절차에 의해서 생산되는 제품), 기성품의 인증시험 프로그램이 사양서 요구조건을 만족하는 경우
B	Off-the-shelf Product without Modifications	• 기성품에 설계 변경이 없으나, 기성품의 인증시험 프로그램이 사양서 요구조건을 불만족하는 경우 • 필요시 추가 인증시험 수행
C	Off-the-shelf product with Modifications	• 기성품에 설계 변경이 있는 경우(설계, 부품, 재료, 시설, 공정, 절차, 공급업체, 제조업사 등에 변경 사항이 있는 제품) • 추가 또는 전체 인증시험 수행
D	Newly Designed & Developed Product	• 새로운 설계를 적용하여 신규 제품을 개발하는 경우 • 전체 인증시험 수행

8.5 인증시험과 수락시험

그림 8.5와 같이 인증시험과 수락시험의 차이를 알아보겠습니다. 시스템 엔지니어링 상변화 과정을 학습한 바와 같이 시스템의 요구조건(requirements)은 설계기준(design baseline)을 거쳐 제품(products)으로 상변화입니다.

인증시험(qualification test)은 설계기준이 요구조건을 충족하는지 확인하는 시험으로 EM과 QM에 대해서 수행됩니다. EM과 QM은 모두 동일한 설계기준이 적용된 모델이지만 구현에 사용된 부품 수준(grade)에 차이가 존재합니다. EM은 지상 실험실 환경에서 동작 가능한 부품으로 구현된 모델인데 반해, QM은 우주궤도환경에 견딜 수 있는 부품으로 구현된 모델입니다.

수락시험(acceptance test)은 제품이 적격(qualified) 설계기준을 충족하고 제작상 결함(workmanship defects)이 없는지 확인하는 시험으로 PFM과 FM에 대해서 수행됩니다. FM 개발 과정 중에 일부 설계변경, 구성품 대체, 환경조건 변경 등이 발생하면 원칙적으로 QM을 통해 설계기준을 검증해야 합니다. 하지만 기술 측면에서 심각하지 않은 변경(minor modification)이거나 프로젝트 수행 측면에서 위험도가 낮으면

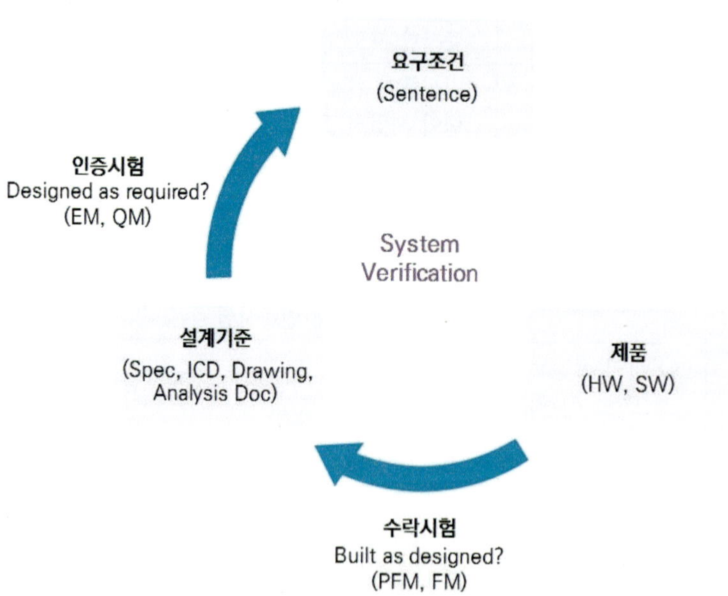

그림 8.5 인증시험과 수락시험

PFM 적용이 가능합니다. 이 경우 QM 개발을 생략하고 FM을 제작한 후 시험 강도를 QM 레벨로 올려서 수락시험을 수행합니다.

8.6 검증 문서

검증활동에 중요한 것 중에 하나는 문서작업인데, 검증관련 문서는 시험계획서(test plan), 시험절차서(test procedure), 시험보고서(test report) 등이 있습니다.

시험계획서는 계획된 시험항목, 일정, 인력, 시설, 장비 등에 관한 일반적인 사항을 기술합니다.

시험절차서는 시험계획서에 수립된 시험계획을 달성하기 위해 수행되는 모든 절차를 기술합니다. 시험목표, 시험조건, 합격/불합격 판단기준 등을 명시하여 모든 시험단계 실행에 대한 모호성이 없도록 자세하게 기술합니다. 시험목표와 시험조건은 해당 구성품의 운영개념과 설계를 반영하여 수립하며 유효한 데이터의 판단기준은 수학적 모델을 기반으로 해석을 통해 제시됩니다.

시험보고서는 시험결과를 정리하여 기술하는데, 시험결과가 시험목표와 성공조건을 충족하는지 명확하게 설명합니다. 시험보고서는 시험수행 동안 발생한 오류, 결함, 문제점, 해결과정 등을 모두 포함해야 합니다.

핵심사항 요약

- **'No Test, No Operation(NT-NO)'은 시험하지 않으면 운영하지 않는다는 원칙이다.**

  The 'No Test, No Operation(NT-NO)' is the principle of not operating unless you test it.

- **대표적인 검증 도구에 요구조건검증표, 요구조건추적표, 하드웨어 검증시험표가 있다.**

  The typical verification tools include RVM(Requirements Verification Matrix), RTM (Requirements Traceability Matrix), and hardware VTM(Verification Test Matrix).

- **인증시험은 설계기준이 요구조건을 충족하는지 확인하는 시험이고, 수락시험은 제품이 적격 설계기준을 충족하고 제작상 결함이 없는지 확인하는 시험이다.**

  The qualification testing verifies that the design baseline meets requirements, and the acceptance testing verifies that the product meets the qualified design baseline and has no workmanship defects.

부록 A

프로젝트 마일스톤

A1. SRR(시스템요구조건검토)
A2. SDR(시스템설계검토)
A3. PDR(예비설계검토)
A4. CDR(상세설계검토)
A5. IRR(통합준비검토)
A6. PSR(선적전검토)

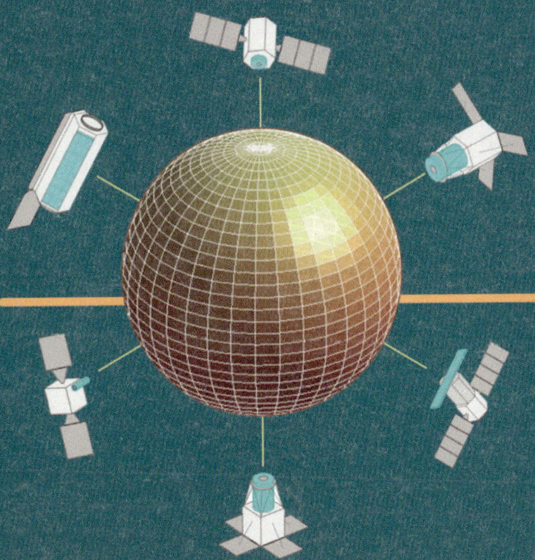

A1. SRR(시스템요구조건검토)

목적	• 위성시스템 요구사항을 분석하고, 요구사항과 설계개념이 임무목적을 만족시킬 수 있는지 검토 • 시스템 요구사항을 개발요소(Segment)로 예비 할당 • 시스템 개발 및 구현을 위한 프로그램 수준 위험요소 평가
성공기준	• 시스템 요구사항을 할당 및 제어하는 방식이 합리적인가? • 최상위 임무 요구사항에 대해 시스템 요구사항이 잘 정의되었는가? • 개발요소 간의 접속은 잘 정의되었는가? • 최상위 요구사항이 개발요소로 할당은 잘 정의되었는가? • 시스템 레벨에서 요구사항 검증에 대한 계획은 결정되었는가? • 주요 위험요소들에 대한 관리방안은 잘 정의되었는가?
구성(예)	• User requirements, mission objective, mission overview • System requirements analysis • Mission operation concept • Preliminary system requirements allocation • Verification plan

A2. SDR(시스템설계검토)

목적	• 위성시스템 아키텍처 및 설계가 수립되고, 개발요소로 할당되어 임무목표를 만족시킬 수 있는지 검토 • 시스템 요구사항을 개발요소(Segment)로 할당 • 시스템검증 개념 및 방안 수립
성공기준	• 시스템 요구사항을 할당 및 제어하는 방식이 합리적인가? • 시스템 요구사항에 대한 시스템 아키텍처 및 설계는 잘 정의되었는가? • 개발요소 간의 접속은 잘 정의되었는가? • 시스템 요구사항이 개발요소로 할당은 잘 정의되었는가? • 개발요소레벨에서 요구사항 검증에 대한 계획은 결정되었는가? • 주요 위험요소들에 대한 관리방안은 잘 정의되었는가?
구성(예)	• System architecture, concept of operation, system level requirements allocation • Verification plan, configuration management plan, PA plan, AIT plan • Payload system/subsystems overview, payload operation • Bus system/subsystems overview, bus operation • Payload/bus interface, space/ground interface, satellite/launch vehicle interface

	• Environment design/test requirements, EMI/EMC design • Mechanical design integration(MDI), electrical design integration(EDI) • Ground system/subsystems overview, ground operation

A3. PDR(예비설계검토)

목적	• 위성시스템의 예비설계가 위험요소 관리하에 계획된 예산과 일정 내에서 모든 요구사항을 만족시킬 수 있는지 검토 • 모든 시스템 요구사항들이 개발요소로 할당되었으며, 시스템 성능을 검증할 수 있는 합리성 확립 • 예비설계의 기능 및 성능 요구사항 충족성 점검 • 상세설계로 진행될 수 있는 제안된 설계방법의 충분한 성숙도 점검 • 검증가능한 설계, 식별된 위험요소 및 합리적인 위험경감 방안 수립
성공기준	• 예비설계가 계획된 예산과 일정내에서 모든 요구사항을 만족시킬 수 있는가? • 모든 각 개발요소 간의 접속설계는 식별되었는가? • 규격서의 예비설계 버전이 완성되었는가? • 합리적인 운영개념이 도출되었는가? • 예비설계가 시스템 및 임무를 운영하는 최종 사용자의 능력을 충분히 고려하여 지원하고 있는가? • 예비설계를 기반으로 제작은 가능한가? • 장기 납품부품들은 식별되었는가? • SEMP(Systems Engineering Management Plan) 및 규격서들은 설계 엔지니어들이 설계를 수행할 수 있도록 충분한 지침, 제한요소 및 시스템 요구사항들을 제공하고 있는가? • 신뢰도 분석은 합리적으로 수행되는가? • 프로그램을 지속할 수 있는 충분한 일정 마진을 확보하고 있는가?
구성(예)	• System overview & engineering • System architecture, concept of operation, system level requirements allocation • Verification, configuration management, PA • Assembly, Integration, and Test • Payload system/subsystems design, development, operation • EO/IR/SAR sensor • Data storage & downlink • Bus system/subsystems design, development, operation • ACS, PS, EPS, TC&R, SMS, TCS, FSW • Payload/bus interface, space/ground interface, satellite/launch vehicle interface

	• Launch vehicle selection • Software test model(STM) • Electrical test bed(ETB) • Structure & thermal model(STM) • Environment design/test requirements, EMI/EMC design • Mechanical design integration(MDI), electrical design integration(EDI) • Ground system/subsystems design, development, operation • Mission control • Image reception & processing • Calibration

A4. CDR(상세설계검토)

목적	• 위성시스템의 상세설계를 제시하며, 기 제기된 기술적 문제와 설계 오류가 해결되었고, 설계 완숙도가 위성체 조립 및 시험을 착수할 수 있음을 확인 • 기능 및 성능요구사항을 만족시킬 수 있는 규격들을 포함하여 개발 Baseline 확인 • 제작, 검증, 운영 부분에 대한 설계의 성공적인 감리가 수행됨을 확인 • 제작을 진행하기에 충분한 공정 및 관리체계가 확립되어 있음을 확인 • 품질보증 절차의 수립 확인 • 최종 설계가 예비설계 시 확립된 규격들을 만족시킴을 확인
성공기준	• 상세설계가 계획된 예산과 일정 내에서 모든 요구사항을 만족시킬 수 있는가? • 설계가 완성되었는가? 도면은 제작을 착수할 수 있도록 준비되었는가? S/W 산출물에 대한 정의는 코딩을 시작할 만큼 충분히 완성도가 있는가? • 개발 Baseline은 출처 불명의 요구사항이 존재하지 않도록 충분히 추적이 가능한가? • S/W 프로토타입, 개별 항목 시험, 모의시험 및 해석을 통해 확인된 설계 품질 결과들이 시스템이 요구사항들을 만족시킬 것이라는 결론을 뒷받침하는가? • 모든 각 개발요소 간의 접속설계는 완료되었고, 상호 호환성을 확보하였는가? • 식별된 위험요소 관리가 수행되었음을 보여주었는가? 잔여 위험요소들은 합리적 권한에 의해 Waiver 처리되었는가? • 제작 계획은 합리적으로 도출되었는가? • 제작 과정에 대한 합리적인 품질 점검계획이 존재하는가? • 로지스틱 지원 계획은 합리적으로 도출되었는가? • 합리적인 시스템 종합 및 검증 계획은 완성되었는가?
구성(예)	• System overview & engineering • System architecture, concept of operation, system level requirements allocation

	• Verification, configuration management, PA • Assembly, Integration, and Test • Payload system/subsystems design, development, operation • EO/IR/SAR sensor • Data storage & downlink • Bus system/subsystems design, development, operation • ACS, PS, EPS, TC&R, SMS, TCS, FSW • Payload/bus interface, space/ground interface, satellite/launch vehicle interface • Launch vehicle selection • Software test model(STM) • Electrical test bed(ETB) • Structure & thermal model(STM) • Environment design/test requirements, EMI/EMC design • Mechanical design integration(MDI), electrical design integration(EDI) • Ground system/subsystems design, development, operation • Mission control • Image reception & processing • Calibration

A5. IRR(통합준비검토)

목적	• FM 통합 및 시험 준비상태 점검 • 잔여 현안을 식별하고 해결 방안 점검
구성(예)	• Organization • Personnel • Schedule • Task Management • Design & Documentation Status • Facility & GSE Readiness • I&T H/W & Unit Delivery Status • I&T Ground Rules

A6. PSR(선적전검토)

목적	• FM I&T 결과, 위성체 검증 현황, 배송 및 운송 준비, 캠페인 준비, 지상국 준비, 임무운영 준비 점검
구성(예)	• System overview, status(milestone, action item, design changes since CDR, non-conformance, verification compliance) • Payload system/subsystems overview, status(action item, test results, non-conformance, EIDP/CDRL, verification compliance) • Bus system/subsystems overview, status(action item, test results, non-conformance, EIDP/CDRL, verification compliance) • System integration & test overview, integration & alignment, electrical functional test, environmental test(dynamic, EMI/EMC, TV), TRS/PR status • Contamination control/monitoring during I&T • PA summary & status(PA board, inspection, reliability, critical item, life time, as-built configuration) • Packing & transportation readiness • Launch campaign readiness(LV readiness, safety, launch site satellite operation plan, test procedure status, GSE status) • Mission operation readiness(space segment, ground segment)

부록 B

약어 용어풀이

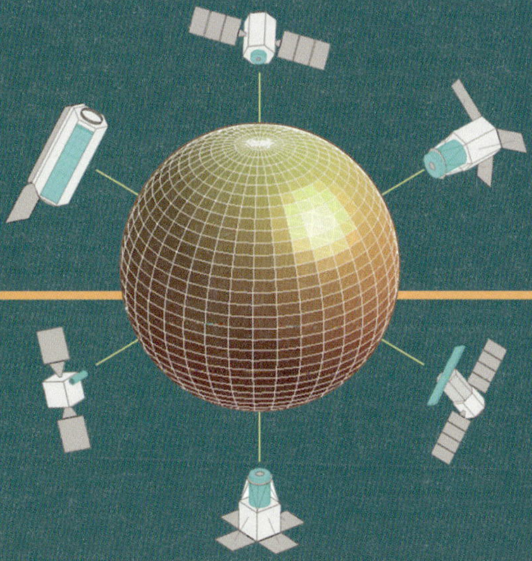

약어	용 어	
ACS	Attitude Control Subsystem	자세제어계
AD	Attitude Determination	자세결정
AIT	Assembly Integration Test	조립통합시험
CCB	Configuration Control Board	형상관리위원회
CCD	Charge Coupled Device	전하결합소자
CDR	Critical Design Review	상세설계검토
CDRL	Contract Data Requirements List	계약자료요구항목
CMG	Control Moment Gyro	제어모멘트자이로
CONOPS	System Operation Concept Document	시스템운영개념서
DEM	Digital Elevation Model	디지털고도모델
DM	Development Model	개발모델
DR	Decommissioning Review	임무종료검토
DTG	Dynamically Tuned Gyro	동적튜닝자이로
ECEF	Earth Centered Earth Fixed	지구중심지구고정
ECI	Earth Centered Inertial	지구중심관성
ECSS	European Cooperation for Space Standardization	유럽 우주표준화 협의체
EDI	Electrical Design Integration	전기설계종합
EM	Engineering Model	공학모델
EMC	Electromagnetic Compatibility	전자파적합성
EMI	Electromagnetic Interference	전자파간섭
EIDP	End Item Data Package	최종납품문서
EO	Electro Optical	(전자)광학
EPS	Electrical Power Subsystem	전력계
ESR	Equipment Suitability Review	장비적정성검토
ETB	Electrical Test Bed	전기시험모델
FDIR	Fault Detection, Isolation & Recovery	고장탐지·격리·복구
FM	Flight Model	비행모델
FMEA	Failure Modes & Effects Analysis	고장유형·영향분석
FOG	Fiber Optic Gyro	광섬유자이로
GPS	Global Positioning System	위성항법시스템
GS	Ground Station	지상국
GSE	Ground Support Equipment	지상지원장비
HRG	Hemisphere Resonance Gyro	반구형공진자이로
HST	Hubble Space Telescope	허블 우주망원경
ICD	Interface Control Document	접속사양서

약어	용 어	
ICWG	Interface Control Working Group	접속설계협의체
I&T	Integration & Test	통합시험
IGS	International GNSS Service	국제 위성항법시스템 관리국
IPT	Integrated Product Team	제품통합팀
IRD	Interface Requirements Document	접속요구서
IRR	Integration Readiness Review	통합준비검토
ISS	International Space Station	국제우주정거장
ITU	International Telecommunication Union	국제전기통신연합
JWST	James Webb Space Telescope	제임스웹 우주망원경
KO	Kick-off	(과제)착수
LOS	Line of Sight	시선벡터
LV	Launch Vehicle	발사체
LVLH	Local Vertical Local Horizontal	지역수직지역수평
MA	Mission Assurance	임무보증
MDI	Mechanical Design Integration	기계설계종합
MEMS	Micro Electro Mechanical Systems	미세전자기계시스템
MLT	Mean Local Time	평균지방시
MRR	Manufacturing Readiness Review	제작준비검토
OBC	On-Board Computer	탑재컴퓨터
OD	Orbit Determination	궤도결정
ORR	Operation Readiness Review	운영준비검토
PA	Product Assurance	제품보증
PAD	Precision Attitude Determination	정밀자세결정
PBS	Product Breakdown Structure	제품분류구조
PDR	Preliminary Design Review	예비설계검토
PFM	Proto-Flight Model	준비행모델
PL	Payload	탑재체
POD	Precision Orbit Determination	정밀궤도결정
PR	Problem Report	문제보고서
PS	Propulsion Subsystem	추진계
PSR	Pre-Ship Review	선적전검토
QA	Quality Assurance	품질보증
QM	Qualification Model	인증모델
RLG	Ring Laser Gyro	링레이저자이로
RTM	Requirements Traceability Matrix	요구조건추적표
RVM	Requirements Verification Matrix	요구조건검증표

약어	용 어	
SAR	Synthetic Aperture Radar	(합성개구)레이더
SC	Spacecraft Bus	위성 본체
SDR	System Design Review	시스템설계검토
SE	Systems Engineering	시스템 엔지니어링
SEMP	Systems Engineering Management Plan	시스템 엔지니어링 관리계획
SMS	Structure and Mechanisms Subsystem	구조계
SRD	System Requirements Document	시스템요구서
SRR	System Requirements Review	시스템요구조건검토
STB	Software Test Bed	소프트웨어시험모델
STM	Structural Thermal Model	열구조모델
SUR	System Upgrade Review	시스템개선검토
TCS	Thermal Control Subsystem	열제어계
TC&RS	Telemetry, Command & Ranging Subsystem	원격측정명령계
TPM	Technical Performance Measure	기술성능지수
TRR	Test Readiness Review	시험준비검토
TRS	Test Report Sheet	시험기록서
TV	Thermal Vacuum	열진공
URD	User Requirements Document	사용자요구서
VTM	Verification Test Matrix	검증시험표
WBS	Work Breakdown Structure	작업분할구조
WG	Working Group	실무단 또는 워킹그룹
WP	Work Package	작업패키지

참고문헌

[1] Luc Besson(Director), The Fifth Element[Film], 1997

[2] 조철현(Director), 나랏말싸미[Film], 2019

[3] 법정, 《아름다운 마무리》, 출판사 문학의숲, 2010

[4] 동계올림픽 컬링 경기 딜리버리 en.wikipedia.org/wiki/Curling

[5] 서울 잠실종합운동장 www.kari.re.kr

[6] 발사환경시험 blog.naver.com/karipr

[7] 궤도환경시험 www.kari.re.kr

[8] 공간위치정확도 map.naver.com

[9] 이집트 피라미드 프로젝트
univerlist.com/blog/interesting-and-fun-facts-about-egypt

[10] 진나라 만리장성 프로젝트
www.china-mike.com/china-tourist-attractions/great-wall-china/construction-history

[11] 미국방부 나이키 프로젝트
en.wikipedia.org/wiki/Project_Nike#/media/File:Nike-missile-family.jpg

[12] NASA 아폴로 프로그램
en.wikipedia.org/wiki/Apollo_program#/media/File:Apollo_program.svg

[13] 사피 바칼, 《룬샷-전쟁, 질병, 불황의 위기를 승리로 이끄는 설계의 힘》, 흐름출판(2020)

[14] 《NASA Systems Engineering Handbook》, NASA SP-2016-6105 Rev2

[15] ECSS, Space Project Management(ECSS-M-ST-10C_Rev.1, March 2009)

[16] 아리스토텔레스(Aristotle, 384-322 BC)
en.wikipedia.org/wiki/Aristotle#/media/File:Aristotle_Altemps_Inv8575.jpg

[17] US Defense, Systems Engineering Guidebook(February 2022)

찾아보기

■ ㄱ

검사(inspection) 75, 106
검증단계 106
검증레벨 105
검증방법 106
경사각(i) 28
고장관리(fault management) 78
고장보고서(failure report) 79
고장분석(failure analysis) 79
고장유형 · 영향분석(FMEA, Failure Modes & Effects Analysis) 79
고장율(failure rate) 79
고장탐지 · 격리 · 복구(FDIR, Fault Detection, Isolation & Recovery) 78
고장트리(fault tree) 79
고타원궤도(HEO, Highly Elliptical Orbit) 26
공간위치정확도(geolocation accuracy) 42
공학모델(EM, Engineering Model) 56
과제착수(KO, Kick-off) 56
궤도결정(orbit determination) 44
궤도결정오차(orbit determination error) 43
궤도상 보정(in-orbit calibration) 41
궤도예측(orbit prediction) 45
궤도예측오차(orbit prediction error) 43
궤도유지(orbit maintenance) 6
궤도전파기(orbit propagator) 45
궤도조정모드(orbit control mode) 37
근지점이각(ν) 28
근지점편각(ω) 28
기능적 요구조건(functional requirements) 91
기술관리 프로세스(technology management process) 69
기술성능지표(TPM, Technical Performance Measure) 74
기획연구(planning study) 56

■ ㄴ

나이키 미사일 프로젝트(Project Nike) 51
남대서양 이상지대(SAA, South Atlantic Anomaly) 27
내고장성(fault tolerance) 78

■ ㄷ

다목적실용위성 2호 31
다목적실용위성 3호 31
다목적실용위성 5호 31
대기모드(stand-by mode) 36

■ ㅂ

반작용휠(reaction wheel) 40
발사모드(launch mode) 36
발사체(launch segment 또는 launch

vehicle) 3
발사환경 16
밴앨런벨트(Van Allen Belt) 26
별추적기(star tracker) 39
분석(analysis) 75, 106
분할(Allocation) 92
비행모델(FM, Flight Model) 58

ㅅ

사양서 트리 96
사용자요구서(user requirements document) 74
상단부(upper stage) 5
상세설계검토(CDR, Critical Design Review) 57
서브시스템(subsystem), 우리말로 '서브시스템' 또는 '하부시스템' 12
서브어셈블리(subassembly), 우리말로 '하부조립품' 13
선적전검토(PSR, Pre-Ship Review) 57
선행연구(pilot study) 56
설계기준(design baseline) 55
성능적 요구조건(performance requirements) 91
세그먼트(segment), 우리말로 '부시스템' 또는 '부문' 12
소프트웨어시험모델(STB, Software Test Bed) 57
수락시험 110
승교점적경(Ω) 28
시스템 생명주기(system life cycle) 73
시스템 엔지니어(system engineer) 60
시스템 엔지니어링 상변화 54
시스템 엔지니어링 플로우 63
시스템 엔지니어링(systems engineering) 73
시스템 엔지니어링팀 59
시스템 운영핸드북(operation handbook) 57
시스템(system) 72
시스템개선검토(SUR, System Upgrade Review) 57
시스템사양서(system specification) 74
시스템실계 프로세스 68
시스템설계검토(SDR, System Design Review) 56
시스템요구서(system requirements document) 74
시스템요구조건검토(SRR, System Requirements Review) 56
시스템운영개념서(system operation concept document) 73
시연(demonstration) 75, 106
시험(test) 75, 106
시험계획서 111
시험보고서 111
시험절차서 111
시험준비검토(TRR, Test Readiness

Review) 57, 58, 59
쌍곡선궤도 28

ㅇ

아키텍처(architecture) 2
아폴로 프로그램(Apollo Program) 51
안전모드(safe hold mode) 36
안정도(stability) 42
어셈블리(assembly) 또는 이큅먼트 (equipment), 우리말로 '조립품' 또는 '전장품' 13
엘리먼트(element) 우리말로 '개발요소' 12
열구조모델(STM, Structural Thermal Model) 57
열진공시험 19
영상수신처리 요소 45
예비설계검토(PDR, Preliminary Design Review) 56
예비타당성조사(preliminary feasibility study) 56
요구조건(requirements) 54, 74, 89
요구조건 검사(requirements validation) 89
요구조건 검증(requirements verification) 89
요구조건검증표(RVM, Requirements Verification Matrix) 104
요구조건 분해(breakdown 또는 decomposition) 91
요구조건추적표(RTM, Requirements Traceability Matrix) 106
우주시스템 레벨(level of space system) 12
우주시스템 아키텍처(space system architecture) 2
운영개념(concept of operation) 73
운영권 이양(handover) 7
운영준비검토(ORR, Operation Readiness Review) 57
원궤도 28
위경도(latitude longitude)좌표계 23
위성 분리(satellite separation) 5
위성본체(spacecraft bus) 15
위성본체사양서(spacecraft bus specification) 74
위성 운영권 이양(handover) 57
위성시스템 아키텍처 14
위성좌표계 25
위성체(space segment 또는 satellite) 3
위험관리(risk management) 76
유도(Derivation) 92
유럽 우주표준화 협의체(ECSS, European Cooperation for Space Standardization) 56
유사도(similarity) 75
유사성(similarity) 106
음향시험 19

이심률(e) 28
인증모델(QM, Qualification Model) 56
인증시험 110
임무(mission) 73
임무관제 요소 44
임무모드(mission mode) 36
임무종료검토(DR, Decommissioning Review) 57

ㅈ

자기장센서(magnetometer) 40
자세결정(attitude determination) 38
자세제어(attitude control) 39
자이로(gyro) 40
자장토커(magnetic torquer) 41
작업패키지(WP, Work Package) 82
장반경(a) 28
장비적정성검토(ESR, Equipment Suitability Review) 59
저궤도(LEO, Low Earth Orbit) 26
(전자)광학(EO, Electro Optical)위성 7
전기시험모델(ETB, Electrical Test Bed) 57
전자파시험 19
접속사양서(ICD, Interface Control Document) 15
접속설계협의체(ICWG, Interface Control Working Group) 59
접속요구서(interface requirements document) 74
정밀도(precision) 41
정지궤도(GEO, Geostationary Orbit) 26
정확도(accuracy) 41
제약적 요구조건(constraint requirements) 91
제어모멘트자이로(CMG, Control Moment Gyro) 41
제어오차(control error) 42
제임스 웹 우주망원경(JWST, James Web Space Telescope) 4, 51
제작준비검토(MRR, Manufacturing Readiness Review) 58
제품(products) 55
제품실현 프로세스 68, 100
조립통합시험(AIT, Assembly Integration & Test) 4
중궤도(MEO, Medium Earth Orbit) 26
지구동기궤도(GSO, Geosynchronous Orbit) 26
지구센서(earth sensor) 40
지상국사양서(ground station specification) 74
지상체(ground segment 또는 ground station) 3
지터 안정도(jitter stability) 42
지향인식오차(knowledge error) 42
지향정밀도(pointing accuracy) 42
진동시험 19

ㅊ

첫교신(first contact) 6
초기운영(early operation) 6
추력기(thruster) 41
충격시험 19

ㅋ

컴포넌트(component), 우리말로 '구성품' 13
케플러법칙(Kepler Laws) 27

ㅌ

타원궤도 28
탑재체(payload) 15
탑재체사양서(payload specification) 74
태양동기궤도(SSO, Sun Synchronous Orbit) 29
태양센서(sun sensor) 39
텀블링(tumbling) 6

ㅍ

평균지방시(mean local time) 30
포물선궤도 28
포착범위정확도(coverage accuracy) 43
표류 안정도(drift stability) 42

ㅎ

하드웨어 검증시험표(VTM, Verification Test Matrix) 107
(합성개구)레이더(SAR, Synthetic Aperture Radar)위성 8
할당(Flowdown) 91
허블 우주망원경(HST, Hubble Space Telescope) 4, 51
형상관리위원회(CCB, Configuration Control Board) 59

기타

DM(개발모델) 108
ECEF좌표계 23
ECI좌표계 22
EM(공학모델) 108
EQM(공학인증모델) 108
ESR(Equipment Suitability Review) 59
Failure 79
Fault 78
FM(비행모델) 109
Geocentric LVLH좌표계 24
Geodetic LVLH좌표계 24
Hazard 76
Hazard분석(hazard analysis) 76
IPT(Integrated Product Team) 80
J2 섭동(perturbation) 29
LVLH좌표계 24
MRR(Manufacturing Readiness Review) 58, 59
NT-NO 원칙 100

《NASA 시스템 엔지니어링 핸드북 (NASA Systems Engineering Handbook)》 56
PBS 81
PFM(준비행모델) 109
QM(인증모델) 109
Risk 77
Risk평가(risk assessment) 77
TRR(Test Readiness Review) 58
Validation 75
Vee 모델 68
Verification 75
WBS 82
WG(Working Group) 80

저자와의
합의하에
인지를
생략합니다

우주 히치하이커를 위한

위성시스템 엔지니어링 안내서

지은이 이선호
펴낸이 조경희
펴낸곳 경문사
펴낸날 2024년 11월 30일 1판 1쇄
등 록 1979년 11월 9일 제1979-000023호
주 소 04057, 서울특별시 마포구 와우산로 174
전 화 (02)332-2004 팩스 (02)336-5193
이메일 kyungmoon@kyungmoon.com

값 18,000원

ISBN 979-11-6073-722-6